本书的出版得到浙江省科技厅项目及教育部人文社科项目
"意识游移特质及其神经机制研究"（10YJCXLX040）、
浙江省教育厅社科项目"心智游移特征及其与抑郁的关系研究"（Z200908972）的支持。

启真馆 出品

意识与脑科学丛书

宋晓兰　唐孝威 著

心智游移

ZHEJIANG UNIVERSITY PRESS
浙江大学出版社

图书在版编目(CIP)数据

心智游移/宋晓兰，唐孝威著．—杭州：浙江大学
出版社，2012.3
ISBN 978 – 7 – 308 – 09695 – 9

Ⅰ.①心…　Ⅱ.①宋…　②唐…　Ⅲ.①认知科学 – 研究
Ⅳ.①B842.1

中国版本图书馆 CIP 数据核字（2012）第 028812 号

心智游移

宋晓兰　唐孝威　著

责任编辑　叶　敏
装帧设计　王小阳
出版发行　浙江大学出版社
　　　　　（杭州天目山路 148 号　邮政编码 310007）
　　　　　（网址：http://www.zjupress.com）
排　　版　北京京鲁创业科贸有限公司
印　　刷　杭州杭新印务有限公司
开　　本　640mm×960mm　1/16
印　　张　15.5
字　　数　208 千
版 印 次　2012 年 5 月第 1 版　2012 年 5 月第 1 次印刷
书　　号　ISBN 978 – 7 – 308 – 09695 – 9
定　　价　36.00 元

前　　言

　　意识研究已经成为当代科学研究的焦点之一。著名科技期刊 *Science* 在创刊 125 周年时，提出了 125 个科学未解之谜，其中意识问题即意识的生物学基础问题，被列为排在"宇宙的组成"这个首要难题之后的第二大难题 [1，2]。这个问题也一直享有"难问题"（Hard Problem）的"美称"[3]。在回答意识的生物学基础的同时，"意识到底是什么"同样是一个没有定论的问题。

　　早在一百多年以前，美国心理学家 William James 提出了意识流的概念，他在《论内省心理学所忽略的几个问题》中写道："意识并不是片段的连接，而是不断流动着的。用一条'河'或者一股'流水'的比喻来表达它是最自然的了。此后，我们再说起它的时候，就把它叫做思想流、意识流或者主观生活之流吧。"[4]。在这种意识流体验中，有一种体验是我们每个人都十分熟悉但却经常忽视的，即心智游移（mind wandering）。心智游移指的是那些与个体当前正在从事的事情无直接关系并且不是由个体有意发起的意识体验。这种意识体验是个体精神生活的一个重要部分。心智游移使我们在不去注意什么时以及在从事任务的间歇，能够保持意识流的连贯性。来自日常生活经验取样的研究表明，心智游移的体验占据了个体日常意识经验三分之一甚至更多的份额。并且，作为一种相对稳定的个人特质，它与多个已知的认知成分或心理过程如注意、记忆、自我意识、创造力、情绪等有着紧密的联系。

作为意识流主要成分之一的心智游移，近年来正在以非常快的速度进入意识研究的核心领域。2010 年在美国图森召开的由亚利桑那大学意识研究中心承办的第 9 届"走向意识科学"的国际会议上，心智游移被作为大会的一个核心议题。国际学术期刊如 *Science*（《科学》）、*PNAS*（《美国科学院院刊》）、*Cortex*（《皮层》）、*Human Brain Mapping*（《人类脑谱图》）、*Brian*（《脑》）、*Psychological Science*（《心理科学》）、*Psychological Bulletin*（《心理学通报》）以及影响广泛的 *Scientific Americans*（《科学美国人》）等期刊上，刊登的关于心智游移的研究报告越来越多。

心智游移令人着迷之处在于，它表明人类个体的意识系统并不是一个简单的刺激－反应的外驱动的系统。恰恰相反，它可以并且经常表现为一个自驱动或者内驱动的系统。在过去几十年对意识以及脑的实证研究中，主流的研究范式是观察个体（以及脑）对外界刺激以及给定目标的反应，在此基础上人们获得了关于脑和意识系统的大量知识。但随着心智游移进入研究视野，人们发现过去的刺激－反应的研究范式仅仅反映了人类意识的一面。意识系统和脑还有另一种工作方式，即在某种内部动力的驱使下自行运转。并且，这种内部动力驱使下出现的心智游移体验，并不是随机噪声，而是有着可被解析的规律。揭示这种规律，对深入了解人类意识具有十分重要的意义。随着近年认知神经科学技术的发展，人们对脑的认识正在不断深入，越来越多的证据支持这样一个假设，即心智游移现象对应着有组织的脑活动。心智游移的研究也将推动我们对脑的了解，这一领域的研究将为回答上述"意识的难问题"（即意识的生物学基础）提供重要资料。

浙江师范大学心理学系意识研究团队着重进行意识研究，包括心智游移现象的研究，并致力于将中国在意识研究领域的成果推向国际舞台。本书是关于心智游移的一本专著，书中说明心智游移现象，介绍和评述前人对心智游移的研究成果，并概述本书作者的相关工作。

本书由七章组成。第一章介绍心智游移现象以及基本的研究方法，并阐述我们对心智游移的定义。第二章介绍心智游移的两种研究情境，即日常生活经验取样研究以及实验室研究。获取心智游移经验的特征以及个体在这个经验上的差异是心智游移实证研究的一个难点。第三章讨论了这方面的内容。作为不受控制的意识体验，心智游移与无意识思维有很多相似之处。第四章分析了两者的关系，并提出心智游移是一种特殊的思维形式。第五章讨论了心智游移和情绪之间的密切联系，这方面的研究为情绪障碍的临床研究提供了新的思路。第六章介绍了与心智游移现象有关的认知神经科学研究的成果。第七章从意识理论框架的角度提出了对心智游移现象发生机制及其功能的解释。

　　本书的出版得到浙江省科技厅基金、教育部人文社科项目（项目编号：10YJCXLX040）的资助，以及浙江大学物理系和浙江师范大学心理学系的支持，特此致谢。此外，还要感谢参与本书收集资料工作的浙江师范大学心理学系的多位研究生，他们是王晓、王寅谊、罗慧婷、张敏、李冲，以及在校对中付出许多努力的陈珏和江雷。

目　录

第一章　心智游移：现象、研究意义及方法

1.1　心智游移现象及其研究意义

当我们什么事也不做，也没有故意去想什么事情时，我们的脑并不安静，一个又一个的念头、一段又一段的回忆、幻想充斥着我们的脑。

让我们设想以下情景：结束了一天的工作，回到家，你终于可以休息一下了。你躲进书房，以最舒服的姿势躺在沙发上，但并不打算睡着。你只想让脑袋空一下，因为白天的工作实在是太烦人了。因此你闭上眼睛，什么都不愿去想。可大脑似乎不听使唤，一些念头不请自来：儿子明天要开家长会了，得抽出时间来；幼儿园的治安真让人担心，该建议老师请两个专业的保安；现在的保安怎么都这么瘦弱，万一发生什么事，那些保安也起不了什么作用；今天公司里来的那个客户的孩子和儿子是一个班的，真巧；合同文本还得修改一下，客户不满意；哎，真累啊，想好好休息一段时间，和家人去度假；上次度假还是 2 年前，儿子只有 3 岁，一家人在海南，碧海蓝天的，真惬意；海风真舒服，现在还能想起海风抚在身上的感觉，听到海浪拍打礁石的声

1

音……你原本希望什么都不想，但实际上，你的脑一刻都没停过，它似乎自己就会转动。

再设想以下情景：你在听一个科普讲座，关于意识的自然科学研究问题。老师正讲到40Hz同步振荡对意识产生的重要意义，你听到这些物理词汇就觉得头疼，因为你的物理基础实在是太差了；突然你想起你的物理课作业还没有完成，明天就要交了，看来晚上又要熬夜了，最近总是睡得太晚，这对身体不太好，要注意调整一下；自己高中时也总是因为解不出物理题熬夜；哎，物理怎么就是学不好呢；有一次高中物理实验课实验完不成拖了小组后腿，同学围在身边七嘴八舌地帮忙的情景，现在想来都觉得尴尬……咦，怎么又走神了？老师现在在讲什么？

以上两个场景你一定再熟悉不过了，它就是每天甚至每时每刻都可能发生在我们脑里的事实。尽管走神的内容不尽相同，但人类个体的脑会时不时地开一下小差以及总是停不下来，却是一种再普遍不过的体验（我们不知道其他动物比如大猩猩或者老鼠是不是也有类似的现象）。

现在，这种再常见不过的现象，已经成为意识研究中正在进行并且越来越引人注目的研究课题之一。在实际生活中，我们习惯称之为"走神"、"发呆"或者别的什么。对这个现象的系统实证研究还刚开始。在英语中，它叫 mind wandering，我们翻译成心智游移，并且在本书中一直沿用这个称呼①。

心智游移现象很常见，然而在过去很多年中，研究者却没有注意到它，尽管威廉·詹姆斯在对"意识流"的思考中暗示了这个现象的重要意义。他在1890年指出，人的意识活动像一条流动的河一般，由不间断的主观思想体验构成。在这里，心智游移在意识体验的不可间断

---

① 我们曾将 mind wandering 翻译成意识游移。考虑到 mind 这个词更多地指代"心智"这个整体，后来我们将其改称为"心智游移"。

性上起了重要作用。如果清醒时我们的意识体验是不间断的[①]，那么，当我们的意识没有进行有目的信息加工或者在有目的的信息加工活动的间歇，心智游移活动就会"充斥"进来。

我们总是倾向于将人类个体看成是理性的、目标清晰的信息加工主体。但是稍稍思考一下自己在走神或者发呆时都想到了什么，也许就会重新思考这个假设的正确性。就像我们在这一章开头举的例子那样，我们会时不时地陷入非目标导向的意识体验中，这种体验不由自主，我们无法抗拒它的出现，甚至任何压抑它的努力都会导致更加频繁的心智游移体验。这个奇妙的特性决定了它必定要受到研究者的关注。

在詹姆斯的意识流概念提出很多年以后，心理学家们终于开始对和心智游移相关的现象进行实证研究，20世纪60年代Singer等人着手进行白日梦（day dreaming）研究。在第二章中我们要谈到，白日梦并不等同于心智游移，但心智游移的确包含了一部分的白日梦体验，特别是那些自发产生的白日梦体验。这类研究的最大意义在于，这种被经典的对目标导向行为的传统心理学实验所忽视的意识现象终于正式进入研究者的视野。白日梦体验和心智游移现象一样，经常被看成是浪费时间的、无用的以及对人们达成目标有阻碍的心理现象。Singer通过若干年专注而细致的调查、访谈，让我们看到白日梦体验可能具有适应性功能，可能和人格有关，以及对心理健康有重要意义。

可惜，以Singer为代表的对白日梦的研究在本世纪以前并没有引起太多心理学家的关注，对它的讨论仍局限在十分狭小的范围内，没有在意识研究领域占据稳固的地位。现在，与白日梦有着紧密关系的心智游移现象在21世纪再次进入科学研究的殿堂。这次与它一起引起科学家关注的，还有脑的内禀自发活动的高度组织性特点，我们将在第六章详细讨论两者的关系。和我们的心理体验一致的是，我们的脑在

---

① 实际上，不仅在清醒时，在某些睡眠阶段，我们也是有意识体验的，比如做梦。

没有目标导向任务时也高度活跃（我们在第六章中将谈到，某些脑区在我们闭目养神的"休息"状态下甚至比在任务状态下更为活跃）。这种脑活动的不间断性和意识体验的不间断性，引起了意识研究领域工作者的极大兴趣，尽管它的确切研究价值还受到一些科学家的质疑，但这并不妨碍它成为一个十分有趣并启发人们思考的课题。

　　由此，研究者们开始再一次对心智游移现象进行实证研究。"心智游移"（mind wandering）这个词似乎过于生活化，使得一些研究者在定量的、严格控制的实验研究中不喜欢直接使用这个词，因此，"心智游移"有了很多不同的"别名"。当将心智游移作为个体的持续注意功能出现失误的一个副现象时，研究者们喜欢将它称为"任务不相关思维"（task unrelated thought，TUT）。TUT 的定义如此清晰且容易操作，使得它几乎成了实验研究中心智游移的代名词，但正如我们在第二章中要谈到的那样，用 TUT 代替心智游移会冒以偏概全的危险，因为 TUT 过分强调了心智游移对目标导向任务的干扰，而且将心智游移限定在任务背景下容易忽略心智游移也可以发生在静息状态下的事实。第二个常用的代名词是"刺激独立思维"（stimulus independent thought，SIT），即独立于外界刺激的思维活动，SIT 强调了心智游移内源性的特点；还有人笼统地用"自发思维"（spontaneous thought）或"自发认知"（spontaneous cognition）来称呼心智游移现象。以上几个概念强调的都是心智游移的产品，即"思想"（thought）。还有一些强调心智游移的过程或者结果，如"离线思维"（off-task thinking）、"心智涌现"（mind pop），以及"注意失误"（attentional lapse）等。在本书中，我们将心智游移看成一种意识状态，在这种意识状态下，内源性表征不受控制地成为意识中心的内容。正如我们所做的那样，越来越多的研究者直接使用 mind wandering 这个词，因为只有这个词才能最清晰准确地表达这种现象所代表的意识状态，即一种意识内容飘忽不定、"四处游荡"的状态。

　　现在我们可以描述一下心智游移体验的特征了：

　　第一，它是有意识的。心智游移不同于早已获得应有研究地位的无意识加工，心智游移时的主观体验是在意识水平之上的真切体验。尽管和其他有目标导向的意识活动一样，它的发生建立在广泛的、容量巨大的无意识加工背景之上。但其"觉知性"决定了对心智游移的研究可以利用、也必须利用意识经验需要依赖个体主观报告的特性。

第二，它是非自主的意识体验。在这里我们没有使用"自发"这个词，而用"非自主"这个词。后面几章会提到，心智游移并不一定是完全自发的，也可以是诱发的。"非自主"这个词可以更好地描述心智游移不受控制的特点。心智游移的发生以及内容的频繁更替都不是我们主观意愿的结果，或者说，不受个体外显目标的控制。至于它是否受"内隐目标"的控制还有待探讨，这也正是我们目前关心的问题之一，即心智游移背后的动力机制问题。我们在这里强调的，是心智游移不受可以意识到的主观意愿支配的特性。

第三，心智游移的内容来源于个体内部。个体内部即个体脑内，是相对于外界客观环境（也包括身体感觉）而言，即心智游移的内容不是对当前客观刺激的直接加工，而是对脑内原有心理表征（可以认为是一种记忆表征）的再加工。这个特征将心智游移与由外界刺激引起的"分心"区别开来。这样，那些多动症（ADHD）患者由于注意障碍引起的注意容易被外界刺激吸引而分心的现象，就不算心智游移。

强调心智游移内容的内源性是有必要的，因为尽管人们都认为那种意识离开此时此地而"神游"到别处的状态是典型的心智游移，但在很多文献中，对这一点的界定仍然是不明确的，人们经常将对外界刺激的"分心"也看做是心智游移，在实证研究中，这种区分也并不清晰 [5]。这种"分心"在机制上和我们所说的心智游移是不同的。毕竟，被外界刺激吸引而将注意力转移没什么好奇怪的，它来源于我们加工新异刺激的"非随意注意"的本能，但那些和当前客观现实没有什么关系的过去或将来闯入我们的意识，才是耐人寻味的。

第四，心智游移是一种心理状态或意识状态，而不是一种单一的信息加工过程。在这种状态下，个体的意识体验由各种形式的心理表征以及对这些心理表征的加工组成，它们在意识的舞台①上争相交替出现。这种状态可以持续很久，比如像本章开头所举出的第一个例子那样，在个体"静息"的时候出现，也可以穿梭在目标导向的任务中以很短暂的持续形式出现，比如本章开头所举出的第二个例子。

如果用尽量简单的语句来描述心智游移状态，我们可以使用如下的定义：心智游移是个体在清醒时，个体的意识内容不受主观意愿决定的被内源性的心理表征所占据的意识状态，这个状态可以间歇地发生在目标导向性任务中，也可以发生在静息状态下。

在实证研究领域中关注心智游移现象，是意识研究发展过程中的重要一步。因为过去很长时期以来，对人类个体认知系统和心智世界的了解，大多建立在经典的刺激－反应实验模式之上，人们习惯于关注个体对即时外界刺激的加工过程以及外部世界在内部主观世界中的表征。然而无论是从个人主观体验的角度，还是从脑的神经活动特点的角度，都很容易发现这种视角的偏颇之处。内源性的心理体验是太平常也太普遍了，个体清醒时脑不会有片刻"停下来喘口气"的时候②。我们的脑绝不仅仅只是一个对外界刺激作反应的器官，认知活动也不全是来源于即时客观环境，如果是那样，我们和机器人就没有什么两样了。人类的脑之所以高明，原因之一就是我们不但能够接收和加工外界即时的各种信息，而且能够高瞻远瞩，对即时客观刺激之外的信息进行加工，并且在脑中构建一个主观世界。心智游移现象表明，个体主观世界可以主动地、持续性地运作。如果将客观刺激直接引起的意识称为感官意识的话，心智游移现象提醒意识研究工作者们，那些并非由即时客观刺激引起的、脑内原有心理表征相关的意识活动，即非感官意识现象具有重要的研究价值。对心智游移的研究，无疑是

---

① 舞台是 Bernard Baars 对意识系统的一个比喻，见本书第七章第一节"意识的全局工作空间理论"。

② 不光是在清醒时，只要个体是存活的，脑就始终忙碌工作着。在睡着的时候，脑也在工作；当我们做梦的时候，脑甚至比静息时还要忙碌。

对意识研究领域的极大拓展。这是心智游移研究的第一个意义。

当我们将心智游移所代表的这种意识体验的不间断性和非自主性与脑活动的不间断性以及自组织性结合起来时，会发现对心智游移的研究可以使我们从一个新的角度理解脑的工作方式。脑的活动既不总是由外界刺激驱动，也不总是由外显目标驱动，它有自己的高度组织化的运行方式。心智游移及其神经机制的研究可以促进对脑的工作方式的理解，这是心智游移研究的第二个意义。

当我们考虑心智游移活动的内部驱力的时候，会发现我们的主观精神世界会时常脱离我们当前的目标。在即时的外显目标之外，似乎存在一只看不见摸不到的"手"（即驱力），在推动着主观世界的运行。这只"手"躲在意识水平之下，时不时地把那些看似与当前目标无关的信息加工推到意识舞台上来。我们在第七章中将会谈到，这只"手"来源于个体自我意识系统中的个人目标框架。个体并不是毫无缘由地想起某件事，个体之所以想起这件事，而不是那件事，是因为这件事的信息表征在记忆库中十分活跃，能够被提取加工，并且它们对个体具有一定的意义。对心智游移的动力机制的研究，涉及无意识系统和自我意识系统的形成和发展等问题。心智游移的研究在揭示什么叫"自我"这个问题上，无疑有重要的价值。这是心智游移研究的第三个意义。

1.2　心智游移的研究方法

过去心智游移现象之所以迟迟不进入科学研究的视野，除了这种现象太平常，以至于人们想当然地接受了它的存在之外，还有一个重要的阻碍来自研究方法的困难。心智游移的内容来源于个体内部，那么研究者就无法像一般心理学实验通常做的那样通过操作外界刺激的方式轻易地控制它的出现；作为一种纯主观感受，也难以使用传统心理物理法对它进行比较精确的测量；此外，心智游移是非自主的意识现象，就是说，无法决定它什么时候出现或者不出现，传统的通过自变量来影响因变量的实验法在这里难免遇到困难。

因此，作为一种主观意识体验，早期对心智游移相关现象（比如白日梦）的了解不得不依赖于个体的口头报告。口头报告起源于最传统的内省法，这种方法历史久远并且饱受批评，但是在研究主观意识体验上具有不可替代的优势，意识的主观性决定了除了个体自己，没有人能够确切地了解一个人的真实感受。尽管研究者们一直想尽办法企图摆脱对个体主观报告的依赖，但到目前为止，口头报告仍然是检测心智游移的最重要手段。

口头报告法包括思维取样与经验取样，分别用于实验室和自然情景中的心智游移研究。思维取样（thought sampling method，TSM）是个体在一个受控的实验情境下完成某种任务（或静息）的过程中，以一定的时间间隔报告自己的意识内容 [6]。而经验取样法（experience-sampling method，ESM）与思维取样不同之处在于不是人为控制情境，而是让个体在日常生活中报告自己的意识内容：在随机时间点突然让被试完成简短的问卷，包括当时的意识内容以及相关心理和物理背景信息，被试对此无准备 [7，8]。因为经验取样法采用即时经验报告，缩小了回顾性偏差（retrospective bias），还可以评估背景对意识内容的影响，提高了可信度和生态效度。

口头报告需要个体报告自己的意识内容，可以即时报告，也可以事后通过问卷的方式要求个体内省自己的心智游移特质。在即时报告法中，有探针式（probe-caught）和自我发现式（self-caught）两种报告方式 [5]。在探针式的自我报告中，个体在执行任务时或自然情景中被随机打断，然后报告自己是否有心智游移 [6]，或直接报告探针出现前一刻的意识内容，然后由研究者进行是否是心智游移的分类 [9]，这种打断称为"探针"（probe）[6，7]。因为个体并不知道自己何时会被打断，所以这种方法可以发现那些个体自己当时并未发现的心智游移，即没有元意识的心智游移。尽管有研究表明"探针"是一个干扰很小的次要任务，不会对心智游移的发生频率造成明显影响［6］，而且很多实验室研究和自然情境研究都表明了探针思维报告方法的可靠性和有效性［6，10，11］。但是恐怕大多数人都不会同意这样的观点，即在一个时间段内比较频繁地向个体发出"探针"，对个体的心智游移会完全没有影响。

在自我发现式的心智游移研究中，要求被试发现自己心智游移时主动报告。自我发现的报告方法依赖于个体对自己意识内容的监控，因此只能发现那些有元意识的心智游移。自我发现式的报告法类似于日记研究法，即个体发现自己心智游移时，主动记录下自己的心智游移内容及相关因素［12，13］。我们有理由怀疑，自我发现式的自我报告法是否会使得被试关注自己的意识内容，从而改变心智游移本身。但与探针法得到的结果相类似的是，到目前为止，并没有证据表明自我监控（无论是随时报告还是事后依靠回忆填写问卷）心智游移会改变心智游移的频率［5，14］。研究者们普遍认同这样的观点，即探针式和自我发现式的自我报告法结合使用，可以提供较为全面的心智游移的数据，前者可以提供心智游移的总体发生频率的一个可靠基线，而后者可以提供伴随元意识的心智游移的资料［5］。

问卷是在心智游移研究领域得到广泛应用的工具［15］，例如使用想像过程问卷（imaginal processes inventory，IPI）中的白日梦频率量表（daydream frequency scale）作为测量个体心智游移倾向的工具［16］。依靠被调查者的回溯式（retrospective）或立即的报告（心智游移是否存在，频率以及内容），反映心智游移在被试内和被试间的差异［17］。但由于心智游移本身稍纵即逝的特点，依赖于自我监控的回溯式问卷在捕捉心智游移上不太有优势，只能作为口头报告的补充［15，16］。第二章和第三章将会涉及 IPI 以及其他调查心智游移相关现象的问卷。

可以和自我报告法归为一类的，还有访谈法和日记研究法。访谈法往往采用结构化或者非结构化的问卷，对个体的心智游移现象作一对一的详细深入的探讨。用这种方法可以得到非常细致的个体经验和态度资料。Singer 的早期著作《白日梦》中，就大量使用了访谈的数据［18］。访谈还可以作为一些研究的前期工作，比如编制心智游移的问卷时，在访谈中获得的信息是项目设计的最直接可靠的来源。我们编制的心智游移频率问卷的编制就建立在前期的访谈工作基础上（见第三章）。日记研究法也是一种比较直接的方法，通常由研究者本人执行［19］。在研究者发现自己心智游移时，随时记录下自己的意识体验。研究者本人对相关现象的高度敏感使得资料的获得会更为全面，缺点主要来源于研究者的主观偏向、积累资料所需的大量时间成本以及分析非结构化数据的困难。

访谈、问卷以及日记研究法对心智游移采用的都是现象学取向的方法，这类方法的目的在于获取心智游移的描述性特征。心智游移的另一个研究取向被称为实证主义取向，即通过设置实验情景，人为控制或影响心智游移的出现，尝试利用心智游移时外显的行为指标或者生理指标，或者通过认知神经科学的方法获取心智游移时个体的神经活动情况。虽然这些方法在使用中仍然需要结合口头报告的方法，但已经比单纯依靠口头报告的方法进了一大步。

在任务中出现的心智游移往往会干扰任务的完成，这时心理学实验中最常用的量化指标反应时和错误率就成为除了口头报告之外研究者可以利用的反映心智游移的指标。这时研究者需要解决两个问题，首先，要给被试创造心智游移的条件，使得可以在有限的实验时间内获得较多的心智游移数据；其次，需要在心智游移和实验反应指标之间确立对应关系，即找到伴随心智游移出现的行为表现。如果我们把这类实验情景中出现的心智游移也看成是一种"任务"的话，那么我们可以称之为"双任务实验范式"，其中被试被告知需要集中注意去完成的目标导向任务是外显任务，也是首要任务，心智游移则成为一种内隐的次要任务，研究者利用次要任务心智游移对首要任务的影响，来研究心智游移和任务的关系。不难看出，这类研究获得的对心智游移的了解，是结果导向的，即更多地关注心智游移的结果，而不是心智游移本身的特点。目前最常被用作首要任务的，是 SART 任务（sustained attention response task），早期也曾使用信号检测或者随机数字产生任务。第二章中还将详细介绍这些实验范式。在这些任务中出现心智游移往往会导致反应出错、反应时变化等任务绩效下降的现象。这些实验过程中通常需要插入"探针"，获取被试对自己意识状态的口头报告。这类实验需要回答的问题之一是探针报告的结果和行为指标是否真的能够一一对应，从而达到用行为指标代替口头报告的目的，以摆脱对个体主观报告的依赖。这个对应关系仍然屡遭质疑，第二章中将谈到这些问题。探索更恰当的首要任务范式，是目前心智游移的行为实验研究的任务之一。

除了行为改变以外，心智游移的出现还可能伴随生理指标的变化，比如心率的增加和皮肤电阻降低 [20，21]。这类生理指标目前主要被用来说明心智游移内容的情绪相关性，至于是否能用生理指标作为心智游移的指标，还有待进一步研究。

随着神经科学技术的快速发展，和对其他心理现象的研究一样，心智游移的神经机制受到越来越多的关注。这类实验的通常思路，是将上述行为实验放在功能核磁共振或脑电环境下进行，希望找到心智游移发生时活跃的脑区以及激活脑区之间的功能连接或者事件相关电位。静息态下脑网络的活动与心智游移活动的关系也是一个十分活跃的研究领域。第六章中将谈到利用这些技术手段对心智游移的研究及一些研究结果。

第二章 从白日梦到任务不相关 思维 — 生活中的心智游移与 实验室中的心智游移

2.1 生活中的心智游移 — 白日梦

对心智游移现象的科学研究是从对白日梦的系统研究开始的。在大部分情形下，白日梦和心智游移被当成同义词使用，但本书的观点认为，两者有一定的区别。

白日梦是一个更为生活化的大众词汇，在最早开展的白日梦的系统研究中，Singer 采用了大众化的定义，即让个体根据最为流行的意义去理解问卷中的"白日梦"，他只强调了白日梦的"自发出现"和"与任务无关"这两个特性，对白日梦的内容，并无详细规定。在大众心理学中，白日梦往往具有情景化的生动特性，尤其强调视觉表象的高度参与。这时，白日梦和梦是两个相对应的概念，只不过一个发生在白天，一个发生在夜晚。尽管 Singer 没有明确说白日梦一定以情景性的特征出现，但从他的 Imaginal Processes Inventory (IPI) 的题项设置中，可以看出，白日梦更多地被当成一个可以持续较长时间发生且具有一定情节的自发幻想性体验。

而心智游移在后来的实验室研究中更多地与任务不相关思维（TUT）联系在一起，指的是发生在静息时或任务中的一种非自主内源性意识涌现现象，并不强调是否具有一定的情节，实际上非自主内源性意识涌现的表征形式十分丰富。在20世纪90年代以后针对此类现象的实验研究中，研究者在正式报告中已经逐渐抛弃了过于随意的"白日梦"概念而使用"心智游移"或"TUT"的定义。

在Singer早期的研究中［22］，包括在IPI量表中，白日梦和心智游移被当成两个不同的事物。在使用心智游移这个词汇时，Singer将任务中被外界刺激干扰而分心的现象包含在其中，并且强调心智游移是一种被动的、注意力不集中的状态，从而对个体产生困扰。正如我们在下面介绍的那样，他的这种区分是含混不清的。

到目前为止，精确地区分心智游移和白日梦仍然是困难的。因为白日梦是一个日常生活概念而不是科学概念。但仍有必要清醒地认识到在使用这两个词汇时，研究者具有的不同倾向。白日梦倾向于情景性的表达，通常具有一定情节和较多情绪卷入，并且，白日梦往往是一种持续一定时间的体验，因此内容往往较为连贯、具有一定组织性。有的研究者将白日梦定义为远离现实的幻想［23］；而心智游移并不仅仅限于情节性的内容，表征方式也更为多样，我们在使用这个词时并不规定它的持续时间，它可以是短暂的，也可以是持续一定时间的，通常情况下，其内容更替十分频繁。

我们可以认为白日梦是心智游移的一种特例，是一种连贯的、具有情节性特点的心智游移（而心理治疗中被当做一种治疗手段的个体自主发起的白日梦并不包含在我们所说的白日梦范畴内）。因此可以说，心智游移和白日梦是包含与被包含的关系，两者的心理机制有共同的成分。这样的观点得到部分研究的支持，比如，McVay在研究中要求个体将自己的任务无关思维（TUT）分为个人担忧、日常事务和白日梦，这符合我们对两者关系的理解，尽管他对白日梦的理解与Singer并不相同［23，24］。

　　总之，如今对白日梦过于模糊和多样的理解不利于对心智游移本质的把握。尽管我们以下对心智游移的介绍将从白日梦研究开始，但请读者将两者的区别铭记于心。

　　Singer 是白日梦研究的先驱，在这方面开展了非常重要的开创性工作，在 Singer 之后，有大量关于幻想和白日梦的实证研究出现。本章第二节和第三节将介绍 Singer 开创的白日梦研究和其他人对意识流的研究，本章第四节着重介绍本书作者进行的心智游移的经验取样研究。第五节将简要介绍实验室中的心智游移研究。白日梦的研究和实验室中针对 TUT 的研究，代表了研究白日梦的两种不同取向，即日常生活中的心智游移和实验室受控情景下的心智游移。最后还将对心智游移的发展特别是老龄化问题作一简单介绍。

2.2　想像过程问卷和 Singer 对白日梦的研究

　　通常针对表象的研究大多采用心理物理或者其他研究知觉的方法，Singer 与此不同。他注意到一类对个体来说更为常见的表象体验：在做某件事情时，或者在某个社会情境（指那些涉及理解其他个体的情景）中，我们会有源源不断的表象体验，比如在头脑中构建某事或想像某个过程。这些任务往往有复杂的注意内外转换要求，在这个过程中，记忆表象和知觉表象的交互加工持续（或交替）进行着。和对特定表象的精确测量不同的是，Singer 更关注对记忆表象的连续加工，认为即使个体此时正在进行有明确目标的运动或认知任务，这种加工也不会停止。Singer 认为，白日梦是源源不断进行着的意识流的一种表现，它主要包括一些非常生动的视觉或听觉表象，有时也会以内部独白（interior monologue）的方式展开。

　　早在 1963 年，Singer 和 Antrobus 就展开了一项通过问卷结合深度访谈的方式对白日梦现象及其与人格特质的关系的研究，开发了针对想像过程（imaginal processes）的专门的问卷。他们将白日梦和意识流看做个体产生表象能力的一种特殊的、持续进行着的表现，认为对幻想过程（fantasy processes）的结构和内容的了解是极其有意义的，可以扩展对年轻人人格结构的了解（因为受调查者主要是大学生）。这项研究后来得到了进一步的完善，包括进一步修改了问卷以及增加了受调查人数，从而建立了一个能够在相当程度上描述白日梦内容和结构的较为可信的框架。这一系列的研究关心以下问题：那些持续进行着的幻想有哪些主要维度？他们和其他常态或病态的人格维度有什么样的关系？个体的白日梦和梦有什么样的关系？视觉和听觉表象和白日梦频率有什么样的关系？白日梦和特定类型的好奇心（对人还是对物）或者注意力涣散（distractibility）有关系吗？等等 [22]。

作为一个开创者，Singer 等人最为突出的贡献是开发了一份系统的问卷，专门用来获取个体白日梦的特征以及可能与白日梦相关的一些心理特质。从这份问卷的名称"Imaginal Processes Inventory"（IPI）中可以看出，Singer 是在一个更为宽泛的想像过程的背景中来考虑白日梦的。在这里有必要再次强调，Singer 对白日梦的定义并不等同于今天我们所说的心智游移。

Singer 的 IPI 问卷包括 29 个分量表共 400 个项目，其中 22 个分量表涉及白日梦的内容或结构，另外 7 个是对好奇心和注意模式的测量（curiosity and patterns of attention）①。项目采用 5 点评分的方式，个体做出 1 分（从没有过此类型的白日梦）到 5 分（经常，一周一次或以上）的选择。除白日梦本身的内容及结构特点外，Singer 还对白日梦和个体其他人格特征的关系感兴趣。对被调查者同时进行了马兹雷人格调查表（Maudsley Personality Inventory，MPI）、高夫加利福尼亚心理调查表（Gough's California Psychological Inventory，CPI）以及斯坦 - 科雷

---

　　①　在最后正式的量表中，Singer 删除了第一份分量表"General Daydreaming"，因为其中的内容在其他子量表中都有涉及，这样一共是 28 个子量表 344 道题目。

克活动偏好调查表（Stein-Craik Activity Preference Inventory，SCAPI）的测量。MPI 用于测量个体的情绪稳定性和社会性，CPI 可以测量社会性、幸福感、顺应性成就与独立性成就等特质，SCAPI 用来反映个体是偏好进行心理或观念性活动还是偏好通过行动直接与环境发生交互。上述问卷总共构成了 63 个变量，再加上一个性别因素，共 64 个变量，研究的最后结论来自于对这 64 个变量的因素分析。共有 206 个大学生参与了调查。原始 IPI 的 29 份分量表如下：

1. General Daydreaming	16. Achievement-Oriented Daydreams
2. Absorption in Daydreaming	17. Hallucinatory Vividness of Daydreams
3. Acceptence of Daydreaming	18. Fear of Failure in Daydreams
4. Positive Reactions to Daydreams	19. Hostile Aggressive Daydreams
5. Frightened Reactions to Daydreams	20. Sexual Daydreams
6. Visual Imagery in Daydreams	21. Heroic Daydreams
7. Auditory Imagery in Daydreams	22. Guilt Daydreams
8. Problem-Solving in Daydreams	23. Curiosity：Interpersonal
9. Present Orientation in Daydreams	24. Curiosity：Impersonal-Mechanical
10. Future Orientation in Daydreams	25. Boredom
11. Past Orientation in Daydream	26. Mentation Rate
12. Bizarre Improbable Daydreams	27. Distractibility
13. Mind Wandering	28. Need for External Stimulation
14. Night Dream Frequency	29. Self-revelation
15. Daydream Frequency	

这里简要介绍这项调查的主要结果 [22]，有关问卷的信效度资料和分问卷的中译名称及详细问卷见第三章及本书附录，问卷的其他应用也将在第三章第一部分进行介绍。

Singer 等用因素分析得出四个白日梦和想像过程的因素，它们分别是白日梦的神经质 - 焦虑性专注（neuroticism-anxious absorption in daydreaming）、情绪困扰白日梦（obsessional-emotional daydreaming）、积极 - 生动白日梦（positive-vivid daydreaming）、控制性思虑（controlled thoughtfulness）。上述四个因素可进一步归类为两个白日梦因素：白日

梦的神经质 – 焦虑性专注（neuroticism-anxious absorption in daydream-ing）和白日梦的积极 – 消极效应因素（positive vs negative effect of daydreaming），或者将积极 – 消极因素分解成情绪困扰白日梦（obses-sional-emotional daydreaming）和积极生动白日梦（positive-vivid daydre-aming）从而成为三个因素（控制性思虑和积极白日梦因素融合在一起）。因素分析还得出一个社会外向性因素（social extraversion），这样就构成三因素或四因素模型。

　　基于因素分析的结果以及各个变量的因素负荷，Singer 等根据个体的白日梦或者想像过程特点，将被调查者分为以下三类：第一类个体，在各因素最高负荷量表上普遍高分，他们易于分心，忧虑，容易沉浸在白日梦中，缺乏幸福感，容易焦虑；第二类个体，他们有很多磨人的自我忧虑（tortured self-concern）、怀疑和伦理性思虑，经常有关于成功、失败以及英雄主义内容的幻想，这些幻想通常带有消极情绪色彩；第三类个体，他们经常体验到生动的、吸引人的白日梦，以及积极的、未来指向的白日梦，他们表现出对他人的好奇，有着高频率的精神活动（high rate of mental activity）以及对观念性活动的偏好。其中，第二类个体在心理特质上具有男性兴趣倾向，而第三类更具有女性特征，尽管两种性别在这三类上均有分布。这个分类结果证实了"白日梦可以作为一种个体特质，具有一定个体差异性"的假设。

　　正式 IPI 由 28 份分量表组成，每一个分量表都可以单独使用。研究者可以根据自己的研究目的，选取特定的量表用于特定人群的评估，比如临床研究，这是 IPI 的一个优点。下面说明几个在各因素上有较高负荷，且能够反映白日梦特质和幻想模式的个体差异的量表。

　　1. 白日梦卷入度（Absorption in Daydreaming）量表。这个量表评估个体体验较为强烈的、高度沉浸其中的白日梦的程度。值得注意的是，这个量表得分与情绪不稳（神经质倾向）成正相关，与幸福感成负相关，并且，在所有的分量表中，这个分量表的得分与人格测验中神经质倾向和情绪不稳尤其是焦虑之间的关系是最为确定的，在白日梦神经质－焦虑性专注因素上有高负荷。

2. 白日梦中的积极反应（Positive Reaction to Daydreams）量表。这个量表用来评估个体对白日梦的积极情绪反应，它在积极－生动因素上有较高负荷，可以用来研究那些对自己的白日梦感到快乐的群体。

3. 白日梦中的恐惧反应（Frightened Reaction to Daydreams）量表。这个量表用来评估个体对白日梦的焦虑或害怕的反应，虽然样本在这个量表上得分不高，但这种反应的确存在，可以用来研究那些对自己的白日梦有强烈负性情绪反应的个体。

4. 白日梦中的视觉表象（Visual Imagery in Daydreams）量表。视觉表象是白日梦的重要构成部分。样本在这个量表上的高平均分证明了白日梦的高度视觉化。这个量表在积极－生动因素上有高负荷。

5. 白日梦中的听觉表象（Auditory Images in Daydreams）量表。虽然听觉表象在白日梦中不如视觉表象来得普遍，但这份量表可以用来评估某些特殊的幻想类型，比如具有精神分裂症特质的幻想类型（镜画幻听是精神分裂症分患者的典型特征）。

6. 问题解决型的白日梦（Problem-Solving in Daydreams）量表。这份量表为了评估白日梦在解决实际问题中的作用。样本的得分表明个体的确会利用白日梦来解决问题。这个量表在积极－生动因素上有较高的负荷。

7. 未来时间指向的白日梦（Future-Oriented Daydreams）量表。样本在这份量表上的平均分很高（12 个项目总分平均分 43 分），表明绝大多数被调查者的白日梦都是指向未来的。这个量表在积极－生动因素和控制性思虑因素上都有负荷，可以用来作为评估内部经验的积极和建设性作用的工具。

8. 怪诞的白日梦（Bizarre Improbable Content in Daydreams）量表。样本的平均分低于中间值，表明对于绝大多数个体而言，他们的白日梦与现实生活的关系是紧密的，但离奇的白日梦的确存在。这个量表在情绪困扰因素和神经质因素上有中等程度的负荷。

9. 走神问卷（Mind Wandering）量表。Singer 区分了走神和白日梦，认为走神代表了一种分心过程，是一种注意不自主地偏离当前任务的状态，可以是因外部事物分心，也可以因内部表象分心。实际上 Singer 在使用 mind wandering 这个词时，更加强调它的负面效应。而结果表明，许多被试实际上将白日梦体验为走神，这个量表的得分和白日梦频率和白日梦卷入度以及注意力涣散都有较高的相关，在神经质因素和积极 - 生动因素上有较高负荷。

10. 睡眠梦频率（Night Dream Frequency）量表。这个量表用来评估回忆起来的夜晚梦和白日梦之间的可能关系。这个量表得分与白日梦频率量表有较小但显著的相关，仅在积极 - 生动因素上有很小的负荷。

11. 白日梦频率（Daydream Frequency）量表。这是在后来的实验室研究中被使用最多的用来评估一个人的白日梦倾向的量表。这个量表在神经质和积极 - 生动因素上有高负荷。对很多被试来说，报告自己有高频率的白日梦和报告自己有焦虑和其他困扰联系在一起；而对于有些被试来说，活跃的白日梦体验和有着令人愉悦的精神生活而不仅仅是情绪压力有关。

12. 逼真幻觉的白日梦（Hallucinatory-vividness in Daydreaming）量表。这个量表评估个体的白日梦过于生动以至于个体把白日梦的内容当真的程度，样本的均分较低，表明把白日梦和现实混淆的现象是较少的。量表在情绪困扰因素上有着较高负荷。可以考虑将该量表和其他白日梦及人格量表结合起来反映个体的精神分裂倾向。

此外，还有其他几个能反映白日梦特定内容的量表，比如害怕失败的白日梦（Fear of failure in Daydream）量表、敌意性的白日梦（Hostile-Aggressive Daydreams）量表、有关性的白日梦（Sexual Daydreams）量表、英雄主义的白日梦（Heroic Daydreams）量表、罪恶感的白日梦（Guilt Daydreams）量表等。在此不一一说明。

除反映白日梦特质的量表外，IPI 中有几个值得注意的关于好奇心和注意特质的量表（Curiosity-Attention Battery）。

1. 对人的好奇心（Curiosity-Interpersonal）量表。这个量表评估个体对人以及人际关系的好奇。早期研究结果表明人际倾向和更多幻想性的白日梦有关，而人际冷淡（Impersonal-mechanical curiosity）与控制性思虑（controlled thoughtfulness）有关。这个研究表明人际好奇与更积极的白日梦类型有关，可能是因为白日梦的功能之一是探索未来，尤其是对关于人和人际情景的探索。

2. 注意力涣散（Distractibility）量表。这个量表侧重个体专注的困难，容易被噪声干扰以及不能集中注意力的程度。该量表和 mind wandering 量表最为相关，在神经质‑焦虑因素上有高负荷。

3. 自我揭示（Self-revelation）。该量表用来反映个体将报告和谈论白日梦及类似内部体验看做积极的还是消极的程度，这是一个控制变量，在社会外向和积极‑生动因素上有较高负荷。

Singer 这一系列的研究表明，白日梦有其内部结构和特征，不能笼统地将一个个体描述为"白日梦者"而不顾其白日梦的具体模式。因素分析结果表明，存在三个主要的维度。与第一个维度相关的白日梦特征是自我报告的低幸福感，缺乏客观性，情绪不稳定，低耐受性（偏执），更多的分心，感觉厌烦和容易转移注意力，更频繁的有关性的、敌意‑攻击和恐惧性的白日梦。另一个维度包括频繁的、吸引人的白日梦，内容更积极、对白日梦更为接纳，对观念性活动的偏好以及倾向于通过独立而非相容的方式取得成功（这些都是更有建设性和创造性的倾向）。第三个主要维度，或者可能是第二个维度的另一端，代表了负罪感、害怕失败以及敌意、英雄主义或极尽全力获取成功的精神生活类型。

这个结果和早先得到的关于白日梦和人格类型的关系的研究相一致。白日梦神经质‑焦虑性专注因素与以焦虑、压抑的努力、短暂而缺乏组织的侵入性思维为特征的人格特质有关，这类似于艾森克所说的焦虑‑歇斯底里综合症以及焦虑性神经质。另一个病理分组代表了强迫症（obsessional neurotic），抗争性成就取向，负罪感、害怕失败以及敌意，一种典型的超我冲突类型。这类个体通常对自己的白日梦不满意，有更多控制努力，试图保持刻板的生活方式。而第三个类别可以描述为"快乐的白日梦者"。这些个体通常有频繁的、生动的表象，对观念性活动的偏好。他们可能更为冒险以及喜欢思考，对人有兴趣，可能有过度焦虑的倾向但同时对利用白日梦经验探索未来有高度的自知。这类个体通常很享受自己的精神生活，并且愿意以偶尔的任务失误为代价。

为了使用方便起见，后来 Huba 和 Singer 等人根据 IPI 的因素分析结果，围绕三个主要因素，从 IPI 的 344 个项目中挑选了 45 道题目，构成了 IPI 简版（Short Imaginal Processes Inventory，SIPI），其中包含三个子量表，即积极建构白日梦问卷（Positive-Constructive Daydreaming），负罪感与害怕失败白日梦问卷（Guilt and Fear-of-Failing Daydreaming），弱注意控制问卷（Poor Attentional Control）。

IPI 和 SIPI 在那些把白日梦当成一种个体特质的研究中发挥了重要作用，尤其是那些关于白日梦和其他人格特征之间关系的研究 [25]。鉴于白日梦和我们所说的心智游移之间的差异，本书对这些研究不再介绍。需要特别注意的是，IPI 中的白日梦频率量表，在后来针对 TUT 的实验研究中，常被用来作为评估个体心智游移倾向的工具，尽管它测量的并不完全是心智游移现象。但 Antrobus 和 Singer 在信号检测任务中使用探针 [26]，获取被试在任务进行中发生的"任务无关或刺激独立思维"（task-irrelevant or stimulus independent ideation）（这与我们对心智游移的定义相同），发现实验室中的任务不相关思维的出现频率和 IPI 分数相关，即那些高白日梦倾向的个体在信号检测任务中也有更多的刺激独立思维的报告。这个结果表明，用 IPI 评估个体的心智游移倾向具有一定的效度。

2.3　作为一种意识流的白日梦

Klinger 是继 Singer 之后另一位关注意识流、白日梦和人格关系的心理学家。他认为白日梦是"thought flow"（思维流、意识流）的重要组成部分，是包含表象的心理过程，但对它的定义是困难的，因为至少存在三种不同的定义角度。第一种角度以弗洛伊德为代表，认为白日梦是远离现实的心理活动，用来想像自己实现了现实中无法实现的愿望或者想像自己或他人以某种社会规范或物理规则不允许的方式行事，这种定义强调的是白日梦的幻想性；第二种角度强调白日梦和当前任务的无关性，比如 Singer 对白日梦的定义；第三种则强调白日梦的自发性即无意愿性。和其他人一样，Klinger 给出的定义也含混不清。他将白日梦定义为一种非工作思维（nonworking thought），它是自发的或是幻想性的，它包括了 mind wandering——一种自发思考（spontaneous thought）模式，与正在进行的活动无关，也包括那些个体刻意进行但随后任其任意发展的对某事的想像。在这个定义中，Klinger 也没有说清楚白日梦和心智游移之间的关系。

经验取样是一种对即时意识体验进行随机取样的方法。在 Klinger 开展的四项针对日常意识经验而不仅仅是白日梦体验的研究中，都采用了这样的方法，所得到的结果大体类似。因素分析发现了八个维度（因素）：（1）视觉强度（视觉性）；（2）对外界刺激的注意（包括思维和外界环境的联系）；（3）操控性（operantness）/具体性（specificity）[导向性（directedness）对自发性（spontaneity of the thought segment），及明确性（specificity）对模糊性（vagueness of content）]；（4）可控性（controllability）（随意愿对修正或停止思维流的感觉）；（5）听觉强度（声音，谈话）；（6）离奇性（strangeness）（远离现实）；（7）将来时间指向；（8）过去时间指向。这些因素相互独立，它们的相互结合可以构成一个数量庞大的思维流特质群。其中，第三个和第六个维度适用于白日梦的定义［27］。

在这个研究中，Klinger 还训练一部分被试估计自己每段思维流的长度，得到的平均持续时间为 14 秒，中位数为 5 秒，这个长度和其他因素不相关，与是不是白日梦也不相关①。尽管有时同样主题的思维流可以持续很久，但显然大部分的思维流如流星一闪般短暂。个体的意识流就是由这些一个又一个的短暂的意识片段构成，如果按照一天 8 小时睡眠来计算，在我们清醒的 16 个小时里个体大概会体验到 4 000 个意识片段。虽然对于"一次"或者"一段"意识流的定义的可操作性令人疑惑，但 Klinger 的结果起码表明，个体意识内容的更替是十分频繁而迅速的。根据 Klinger 的结果，如果将那些自发出现的心智游移以及幻想性的意识内容（这里 Klinger 再一次对心智游移和白日梦的区别闪烁其词）都作为白日梦的话，那么这个比例大概占到样本的一半。也就是说，一个人一天里大概会经历 2 000 个白日梦片段！这是一个多么令人惊讶的结果［27］。尽管白日梦可能是一种较为特殊的意识流经验，但其快速更替的特点，也许并不是独有的。

还有一些研究工作对内部经验（inner experience）的具体内容维度感兴趣。所谓的内部经验，可以认为是和 Klinger 一系列研究中的意识流或者思维流类似的。在 Heavy 等人作的研究中，日常生活经验被当做研究内部经验的最好样本。他们采用了和经验取样法类似但更为细致的方式，称为描述性经验取样（descriptive experience sampling, DES）的方法［28］。和 ESM 不同的是，DES 中被试在接收到探针时并不要求填写结构化的问卷，而是用自己习惯的方式记录当时意识经验的要点，然后在 24 小时之内，主试通过一个细致的访谈，让被调查者根据自己的笔记详细回忆当时的意识体验，然后主试根据一定的标准对这

---

① Klinger 并没有详细介绍他是如何定义"一段思维"的，段与段之间如何区分，段与段之间是否存在空白以及片段之间如何连接等问题均语焉不详。

些意识经验进行编码，比如根据内容的表征形式进行编码。Heavy 等用 DES 对 30 个被试在三天内的日常生活中的意识经验进行了研究 [29]，确定了 5 种较为常见的意识经验类型，它们分别是内部言语（inner speech）、视觉表象（inner seeing/images）、非符号化的思维（unsymbolized thinking）、感受（feeling）和感觉（sensory awareness），这五种意识体验占经验总体的比率都为 25% 左右（有的意识样本同时归属于两种甚至多种类型），但个体差异很大。研究中 Heavy 还发现了内部言语比率和心理压力之间的负相关关系，即那些内部言语性意识经验较多的个体，心理压力症状较轻（通过 SCL-90 测定）。

和 Heavy 等的研究目的类似但方法和样本不同的一项研究来自于 Delamillieure 等人。由于现在静息态脑功能成像研究的普及，研究者迫切地需要了解个体在静息态条件下的心理活动情况（后面第六章会专门讨论静息态脑功能成像的问题）。Delamillieure 和他的合作者开发了一套专门用来评估个体处于静息状态时的意识经验的问卷（the resting state questionnaire），问卷采用回溯式自我评估的方式，调查核磁共振扫描中个体处在静息状态时内部经验的五种心理活动类型。被试在完成一项静息态核磁共振扫描后，对自己刚才在扫描过程中的每种类型的意识体验的时间比例进行主观估计 [30]。

人们很容易质疑 Delamillieure 等的研究方法，因为很显然，对自己刚才转瞬即逝的意识流体验进行回忆，还要估计时间比例，是很难准确的。但 Delamillieure 等认为回溯式的报告不需要打断被试的意识流，因而比探针报告来得优越，并且对时间比例的评估对于脑功能研究来说是必要的。他们对内部经验的分类与 Heavy 等类似但不完全相同，包括了视觉心理表象、内部语言（包括内部言语和听觉心理表象）、本体感觉觉知、内部音乐体验和心理数字操作。如果把每名被试 50% 以上的内部经验类型作为优势心理模式（dominant mental activity mode），Delamillieure 等人发现 66% 的被试存在某种优势心理活动模式，其中最为常见的是视觉心理表象优势（35%），以及内部言语优势（17%）。

虽然 Heavy 等和 Delamillieure 等的研究并非针对白日梦本身，但如果我们认同 Klinger 的观点，即日常生活中的意识经验中有一半以上是白日梦的话，上述研究无疑为白日梦研究充实了资料。和直接针对白日梦的研究的人格心理学取向不同，这些研究提供了关于意识流结构的研究思路。

2.4　心智游移的经验取样研究

这一节介绍早年 Kane 等进行的，以及最近本书作者进行的心智游移的经验取样研究。

心智游移本身是一种意识常态，是个体每天都在经历的意识经验，并且，由于其不受控制的非自主特性，了解在日常生活中心智游移是如何发生的以及发生时个体体验到了什么，对理解心智游移的机制至关重要。经验取样研究为解答这些问题提供了解决途径。不同于早期对白日梦的研究，现在研究者已经注意到 "Mind Wandering" 是一个独立的、有特殊意义的研究对象，因此，以下介绍的几个关于心智游移的经验取样研究中，无论是经验取样中的探针，还是事后的问卷，对参加研究的志愿者都使用 "Mind Wandering" 这个词，而不是 "Daydreaming" 这个词。

自 20 世纪 70 年代起，经验取样法被广泛应用于收集个体的意识经验，它最早应用于心境研究中。结合探针的经验取样是目前被普遍使用的方法。这种方法的一般范式是，主试在随机时间点向自然情境中的被试发出信号，被试在接到信号后通过内省对自己此时此刻的意识内容进行报告。这种方法可以满足人们研究 "正在进行中的想法" 的需要，减少传统内省法中由于被试对实验操作的期待而对实验结果造成的污染，也可以减少事后回顾造成的对意识经验的二次加工，并且能敏感地反映出情境因素对意识经验的影响。

使用 ESM 进行心智游移研究的较有代表性的工作之一来自于 Kane 及其同事 [7]。在这项研究中，主试对被试进行了为期一周的经验取样，每天取 6 个随机时间向志愿者随身携带的掌上电脑发出信号，要求志愿者对收到信号那一刻的意识经验进行是否心智游移的判断，并且要求回答几个关于当时情境和心智游移体验的问题（如果确实发生了心智游移）。研究的主要目的是考察个体的工作记忆和日常心智游移频率的关系，因此在心智游移取样之前还对受试者进行了工作记忆的测量，我们在这里只介绍这项研究的经验取样部分的结果。

Kane 等使用的心智游移问卷非常简单，在针对心智游移体验本身的 5 个问题中，涉及了对自己正在心智游移这个事实的反应（我对我心智游移了感到惊讶），心智游移的内容（忧虑或日常生活事件）以及故意性（我故意让自己心智游移）等，在针对心智游移发生背景的 18 个问题中，涉及正在进行的任务的性质（如挑战性、趣味性、难度、重要性等）、个体专注的程度等。受试者对所有问题都进行 1（一点也不符合）至 7 分（非常符合）的评分。

参与 Kane 等的 ESM 研究的 124 个大学生志愿者中，心智游移的平均发生率为 30%，但有着较大的个体差异，有的个体的心智游移率为 0，而有的个体的心智游移率为 92%，标准差为 17%。个体对自己心智游移这个事实并不感到惊讶（平均分为 2.4 分），同时在心智游移的故意性上获得了中间偏高的分数（3.99 分），即某种程度上个体可以故意让心智游移发生。研究中受调查者的心智游移内容主要是关于日常生活事件而较少幻想，忧虑低于中间分（3.14 分）。上述结果表明心智游移是一个个体普遍接受的现象，并且个体有时还会故意让自己"走神"一下。虽然 Kane 等的研究没有提供更多关于心智游移内容的资料，但仍然显示了心智游移与个体实际生活的密切联系。其中，心智游移频率的巨大个体差异是一个十分值得关注的现象，它表明，不仅心智游移的具体特征是一种个体特质，心智游移的频率也可能是个体特质的一个重要部分。

Kane 等研究的另一个结果是发现了心智游移和任务背景的某些关系。当存在以下因素时，个体更有可能发生心智游移：当个体感觉疲劳或者紧张；环境混乱无序或者个体正在从事的活动令人厌倦或不愉快。而以下因素和较少的心智游移有关：愉快的心情；对当前任务的胜任感；专注；以及有趣的任务。而任务是否新异以及挑战性和心智游移发生与否没有关系。

近年，本书作者对日常生活中的心智游移的特性进行了更为细致的考察 [31]。不同于 Kane 等着眼于个体心智游移发生频率和工作记忆容量之间的考量，这项研究更多地关注心智游移本身的特点，即当个体发生心智游移时，到底想了些什么？为什么这样想？以及做哪些事情或处于什么样的状态时，个体更容易心智游移？

我们的研究同样采用经验取样法，120 个大学生志愿者被试参与了调查，他们在一个详细的训练程序中，接受了关于什么是心智游移，怎样分辨自己的心智游移以及如何回答问卷上的项目等内容的培训和练习。在之后的 3 天时间里，志愿者随身携带问卷，研究人员每天在 6 个随机时间点（时间点从早晨 7 点半到晚间 11 点随机分布）通过手机短信向志愿者发出提示信号，志愿者在接收到信号的 5 分钟内根据自己接收信号的那一刻的意识经验完成问卷。如果个体在接收到信号时无法填写完整问卷，那么个体需要将此时的意识体验进行复述并保留到方便的时候尽早填写。问卷内容涉及对自己是否在心智游移的判断，以及心智游移的内容表征形式、任务背景因素和个体的注意及情绪状态、对心智游移的可能诱因的推断以及个体对心智游移的元意识。完整的问卷见本书附录一"心智游移经验取样问卷"。

我们这项研究最后得到的心智游移的平均发生率为 26.2%（30% 左右的心智游移比率在多项研究中惊人的一致，显示了心智游移在人类个体清醒意识体验中的大概时间比例）。和 Kane 等的研究结果一致的是，发生率有着较大的个体差异（标准差 = 19.6%，全距 = 94.1%），有 62.9% 的心智游移发生在个体注意指向外界客观环境的情况下，

57.9％的心智游移在个体正在做某件事情时发生。一个有意思的结果是，和我们通常认为的心智游移是一个自发意识现象的观点不同，以这种即时内省的方式获取的心智游移经验表明，绝大多数（89.9％）的心智游移被个体判定为由某种诱因诱发，这个诱因可以是环境中的某项刺激，也可以是自己头脑中正在进行的某个想法；并且个体对心智游移内容的自我相关性、与自己近期生活经历的相关性的评分均超过了中间值（3 分），说明个体心不在焉或者走神的时候想起的那些事情，很可能并不是毫无缘由的。

　　另一个有些出乎我们意料的结果是关于个体对自己心智游移状态的认识情况，超过一半的样本（56.3％）报告了对自己心智游移状态的意识，即心智游移发生时，他们知道自己正在心智游移，并且在这些样本当中，有将近一半（49.3％）的个体，在明知道自己在走神的情况下，还会继续让这种状态持续下去。这是一个很有意思的结果，因为我们知道，心智游移是和当前任务目标无关的非自主的意识体验，而上述结果表明，个体似乎并不讨厌或者排斥这些看上去是"没什么用处"的意识体验，很多时候，他们甚至会放任自己陷在这个状态里。这个结果，与我们之前做的访谈结果也是一致的。

　　在我们的样本中，心智游移的发生几率确实受到一些背景因素的影响，比如，当个体注意外投即注意集中在环境刺激而不是内部思维时，当任务相对缺少挑战性或个体对任务不投入，以及当个体不太清醒或者处在负性情绪中时，心智游移更有可能发生。当心智游移是由内部思考而不是对环境刺激的直接加工诱发时，个体会体验到更多情景性的心智游移。尽管，无论哪种情况下，情景表征都是优势表征。

　　日常生活中心智游移的表征形式是十分丰富的，包括了情景性、言语性、视觉表象性的内容、音乐等，其中情景、内部言语和视觉表象是主要的表征形式，三者之和占心智游移总体的90％，而情景性表征又是最为主要的心智游移表征形式（见图 1.1）。如果我们考虑到情景性表征中强烈的视觉性特征，那么可以认为内部的视觉性活动时刻充斥着我们的心智游移过程。对于大部分人来说，这种内部经验的视觉性特点都十分明显，包括爱因斯坦①。

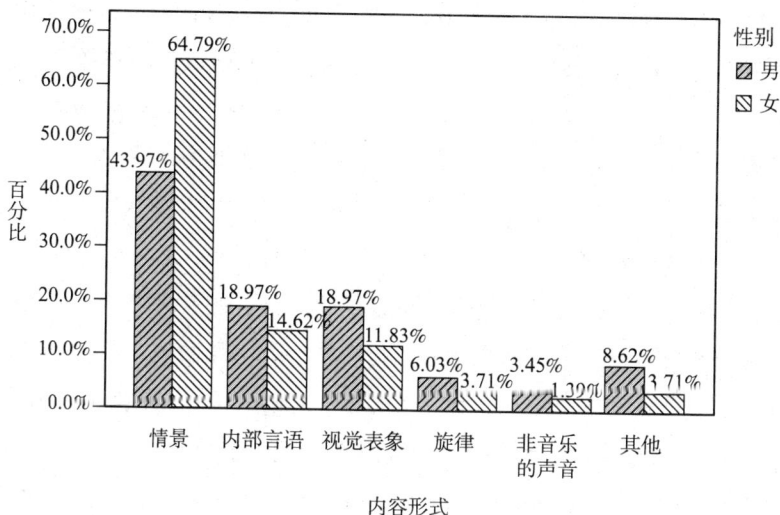

图1.1　心智游移的表征形式分布

在心智游移的三种主要表征：情景、内部言语和视觉表象中，情景和内部言语心智游移在自我相关性、近期经历相关性和计划相关性上的评分都显著高于中间值（3 分），这可以解释前述总体的心智游移样本在这几项特征上的高分。作为核心成分的情景性心智游移，其时间指向性十分突出，其中有将近一半的体验都指向将来（42.5%）（过去、现在和没有时间指向的比率依次为20.8%，16.8%，19.9%）。

我们这项研究呈现了日常生活中的心智游移的许多特征，其中绝大多数与研究者自己的日记研究以及访谈结果是一致的。比如，尽管

① 据说爱因斯坦是一个视觉形象思考（visual thinking）者。爱因斯坦说："在我的思维结构中，书面的或口头的文字似乎不起任何作用。作为思维元素的是一些记号和有一定明晰程度的意象，它们可以由我'随意'地再生和组合……这种组合活动似乎是创造性思维的主要形式。它进行在可以传送给别人的、由文字或别的记号建立起来的任何逻辑结构之前。上述的这些元素就我来说是视觉的，有时也有动觉的。通用的文字或其他记号只有在第二阶段才能很费劲地找出来。"——摘自《爱因斯坦传》，商务印书馆，2004。

心智游移频率的个体差异很大，但总体上，心智游移的发生是十分频繁的，无论是丰富的外界环境刺激还是个体手头重要的任务，都不能绝对阻止心智游移的发生。并且，环境刺激以及个体的内心体验，还会成为诱发心智游移的原因。心智游移不是我们通常认为的那样是"自发"的过程，心智游移内容与个体的"自我"以及近期经历和个人计划的相关性表明，个体之所以想起这个而不是想起那个，不仅因为存在某个线索，还因为这些心理事件对个体本身而言是"重要的"或者"有意义的"，Klinger 将这种内容称为当前关注（current concern），即心智游移的内容都是那些个体当前关心的事情。这有助于回答"我们为什么老是要心智游移？"这样的问题。情景性心智游移的绝对优势也可以成为这个问题的一个可能佐证。情景性心智游移的未来倾向，表明个体经常不由自主地对未来可能发生的事情进行"预演"或"模拟"。如果你明天有一场重要的演讲，在这之前你是否会经常在心中构建出那个礼堂的情形，甚至设想你一时紧张忘词的样子，这种情景式的"预演"可能是心智游移一个重要的功能。

如果我们将心智游移与自我、近期经历和个人计划的相关性特点与情景性表征本身的特点结合起来考虑，就会作出对心智游移的意义的更进一步的思考。情景性表征是人类个体非常特殊的一项功能，它与"自知意识"（autonoetic consciousness）联系在一起 [32，33]，无论是情景记忆还是情景性的前瞻记忆，以及类似的心理模拟，其核心都是个体构建出一个和现实不同的场景并将"自我"放到这个场景中。这个过程可以称为"心理时间旅行"（mental time travel）[34，35]。这种将"我"放到心理时间的任意一点上的能力，对保持"自我"在时间上的连续感，对自我意识的形成，都是十分重要的。个体这种在闲暇时以及任务间歇进行"心理时间旅行"的倾向，可能与保持自我的连续感，形成连贯统一的自我意识的内部需求有关，尽管个体对这种需求本身是不自知的。

经验取样研究在生态效度上有着明显的优势。了解人们在自然情境中脑子里都"胡思乱想"些什么，比在刺激单一、缺乏交互反馈的实验室情境下了解个体的 TUT 更有意义。经验取样研究通常也能提供更为丰富的信息，因为这是对个体经验的直接的、"原汁原味"的采样。但通常经验取样的研究结果是不够结构化和细致精确的。构建心智游移和其他心理过程之间关系的明确模型，离不开有良好控制的实验室实验。下一部分将讨论这方面的内容。

2.5 心智游移的实验室研究

除了了解自然生活场景中的心智游移体验，我们也需要明确心智游移和其他认知过程的关系，尤其是心智游移和注意、工作记忆等过程的关系，这就需要脱离心智游移体验的具体内容转而将焦点放在心智游移发生的过程上。此时控制相对严格的实验室实验就成为必要的研究方式。在这一部分中，我们将介绍在实验室中研究心智游移的主要实验范式及研究结果。

心智游移的实验室研究的目的主要有两种：第一种是为了获取心智游移的外部指标（主要是行为指标）。尽管对于主观的意识体验而言，口头报告法是较为可信的方法，因为除了个体自己，没有人能确切知道这个个体到底体验了什么，但内省和报告的过程对意识体验本身的影响及其主观性是不可避免的。正是因为这个原因，心理学家们一直在寻找意识体验的外在"显性"指标，从而能够在不依赖口头报告的情况下反映意识体验。这也构成了心智游移实验室研究的一个十分重要的方法学课题。心智游移的实验室研究的第二种研究目的指向心智游移和注意、工作记忆等其他认知过程的关系，并借此研究心智游移的发生过程和原因，此类研究通常从心智游移对当前任务的影响入手。

心智游移的实验室研究还基于一个基本的假设，即心智游移需要占用执行控制资源，消耗注意能量［5］。由此得出两个推论：对注意和执行控制资源有较高需求的任务会抑制心智游移，而心智游移的出现也会妨碍个体在这些任务上的表现。上述假设和日常生活体验以及研究也是吻合的（见本章第一部分），几乎所有的心智游移的实验室研究都基于这个前提假设。

无论是哪一类研究目的，我们都需要一个背景任务。这个背景任务必须足够简单以使个体比较容易体验心智游移，同时任务需要对执行控制资源有一定的要求从而心智游移的影响又能系统反映在个体的行为上。持续注意反应任务（sustained attention response task，简称SART）就是目前最被广泛使用的能满足上述要求的任务。

SART 是传统的 go/nogo 任务的变式，最早是为了研究脑损伤患者的持续注意缺陷而开发的［36］。实验中，高频的非目标刺激（如 0—9 中除了 3 以外的数字）中穿插着低频的目标刺激（如 3），被试的任务是对非目标刺激进行按键反应，而对目标刺激不作反应。大量的非目标刺激导致了个体形成刺激 - 按键的自动化反应，如果个体不能对刺激保持持续的注意，就不能抑制对偶尔出现的非目标刺激的按键反应。因此，SART 任务中对 nogo 刺激的错误反应可以认为是执行控制过程失败的表现。SART 是一个足够简单的任务，个体的注意会频繁地远离当前任务从而造成心智游移。这样，如果个体在目标刺激出现时发生了心智游移，其结果就表现在对目标刺激的错误反应上。同时，当被试出现心智游移时，因为反应趋于自动化，个体对非目标刺激的反应时会加快。并且，可以通过改变目标出现的频率以及刺激呈现的速度来操纵心智游移出现的频率。以上这些特点，使得 SART 近年来成为实验室情境中研究心智游移的典型范式。在这样的范式中，SART 成为一个首要任务，而时不时出现的心智游移就成为一个内隐的次要任务，实验的基本逻辑是通过观察这个次要任务对首要任务的影响，来研究次要任务的特点及其与注意的关系。

为了检验 SART 中 nogo 反应出错与心智游移之间的对应关系，研究者常常在任务中随机插入"探针"来采集个体的即时意识样本，这个方法被称为"思维取样法"，与经验取样法类似，只不过它在实验室环境中而非自然环境中使用。通常探针由一个或几个关于个体此时此刻的意识经验的问题组成，个体回答收到信号的那一刻心里所想的内容是关于任务的（on task）还是与任务无关（off task），如果选择是 off task，研究者还可以在其后再安排一个关于个体对自己心智游移这个事实的元意识的问题。即个体要回答，收到信号的那一刻已经知道自己走神了（tune out），还是收到信号才发现自己走神了（zone out）。区分 zone out 和 tune out 是有必要的，因为两者代表了不同的心智游移状态。tune out 时，个体对当前任务信息仍有一定的加工，注意被同时分配到外部和内部，研究发现，在阅读任务中是 zone out 而不是 tune out 的数量与阅读成绩负相关［37］。

上述探针的方法被称为自我判断法，因为这需要被试对自己的意识内容进行 on task 或 off task 的分类。另一种探针使用专家判断的方法，即个体在探针处仅报告自己的即时意识体验内容，事后由专家来判断这个意识样本是否是心智游移。实际上自我判断法比专家判断法常用得多，因为报告意识内容对报告者有更高的要求，需要更多的时间，且个体自己来区分自己的意识体验要比第三者来得容易［5］。还有部分研究采用自我监控的方法，即不在任务中插入探针，而是让个体在任务中发现心智游移时主动按键报告，尽管关注心智游移可能改变被试的经验，但很少有实验支持这一假设。与探针区分 zone out 和 tune out 类似，自我报告和探针报告这两种报告方式获取的心智游移是有区别的，前者是有元意识的心智游移即 tune out，而后者则包含了有元意识和无元意识两种情况的心智游移。例如，在阅读任务中，醉酒者和对照组在自我报告的心智游移频率无差异，但在探针报告的心智游移频率上，前者显著高于后者［38］。

这样，我们就可以用探针获得的心智游移指标来检验 SART 任务中的 nogo 错误反应和心智游移之间的对应关系。很多研究结果支持

SART 实验中行为指标与心智游移的联系 [39，40]。SART 中快速的反应时以及对目标刺激的忽略和心智游移有关：个体对非目标刺激的平均反应时和目标刺激错误率成负相关 [36，41]，目标刺激错误反应之前以及 TUT 报告之前的非目标刺激反应时加快 [42，43]，以及 SART 中的目标忽略反应是因为持续注意的失败而不是刺激 – 反应连接的失败 [24]。并且，用内省问卷测得的有高频率心智游移的个体在 SART 任务中会出现更多的错误，这说明 SART 的行为指标与个体主观报告结果是一致的 [43]。总之，大量结果都说明 SART 中的行为指标（反应时加快反应错误）在反映心智游移方面是有效的。

除了上述经典的利用 SART 研究心智游移的范式，一些研究者开始更为细致和深入地探索 SART 反应数据中蕴涵着的信息。比如，Cheyne 等人尝试利用 SART 中个体的行为表现区分出心智游移的不同阶段 [39]，根据注意从外部任务逐渐转移到内部心理事件的各个阶段，Cheyne 及其同事利用反应时加快、对非目标刺激的提前反应（anticipation）以及非目标刺激的视而不见（omission）三个指标在各个阶段的不同表现，构建出一个心智游移由浅入深的三阶段模型。这个模型在预防因心智游移而造成的对个体完成任务的负面影响上，具有深远的应用价值。Smallwood 等人从 SART 的反应时序列着手，采用主成分分析（principle components analysis）方法，发现了三个可以解释实验过程中反应时波动的成分，其中第二个成分与任务中出现的心智游移和反应错误有关 [44]。这个实验在用客观的行为反应数据而不是口头报告数据反映注意状态方面做了有价值的探索，使得借助反应时序列的结构模式特征来反映个体的心智游移状态成为可能，这对心智游移的神经机制的研究至关重要。

当然，除了 SART，其他任务也可以用来作为心智游移发生的背景任务，比如警觉任务 [6]、信号检测任务 [45]、随机数产生任务 [46] 以及阅读任务 [11]。心智游移也可以导致个体在这些任务中发生错误反应，如检测不到信号、数字的随机性下降以及遗漏文本信息等，但它们都不及 SART 任务那样易于发生心智游移且伴随明显可测的行为变化。

心智游移的实验室行为研究得到了很多关于心智游移和其他认知成分之间关系的结果。其中比较受关注的一个问题是心智游移是否和工作记忆容量有关，比如，我们通常会认为那些总是容易走神的人，在各项需要专心致志的任务上会表现得更差，而完成这些任务对工作记忆往往有较高的要求。那么，我们可以将频繁的心智游移和较小的工作记忆容量画上等号吗？Kane 等人的研究专门探讨了这个问题 [7]。被试在实验室完成工作记忆容量测试任务，同时参与了一个为期 7 天的 ESM 研究以获得自然生活场景中心智游移的频率。研究结果表明，工作记忆容量本身并不能预测自然生活场景中心智游移的绝对频率，但是可以影响任务背景和心智游移之间的关系。和那些高工作记忆容量的个体相比，低工作记忆容量的被试是否走神更容易受到任务性质的影响，即当任务的挑战性和需要的心理努力增加时，低工作记忆容量的个体更容易走神，而高工作记忆容量个体的心智游移不受这些因素影响。并且，随着被试报告的集中注意程度的升高，高工作记忆容量个体的心智游移以更快的速度减少。这个结果似乎预示着对于低工作记忆容量的个体而言，他们更容易受到环境和任务的影响而走神，而高工作记忆容量的个体却可以更好地控制自己的注意。

在承认心智游移占用注意资源的前提下，影响注意资源分配的变量，比如知觉负载，对心智游移的影响也受到了关注。与任务无关的干扰刺激会引起"分心"，我们将之称为外源性分心。外源性分心依赖于可获得的注意容量，当需要高知觉负载的任务加工占用了全部的注意容量时分心就可以得到抑制，这被称为知觉负载效应。而心智游移作为一种"内源性分心"，是否也受知觉负载的调节呢？Forster 及其同事的一项研究专门考察了知觉负载是否会影响心智游移这种内源性分心 [11]。实验任务是在一群干扰刺激中寻找目标刺激，通过设置干扰项目和目标项目的相似程度控制知觉负载，相似度越高，知觉负载越高。实验通过插入探针来获得 TUT 数据。实验结果表明，与外源性分心一样，心智游移也受到知觉负载水平的调节，高知觉负载会降低 TUT 的频率；并且知觉负载对 TUT 的影响和对外源性分心的影响存在显著相关。通过要求被试区分有意和无意的（intentional &unintentional）的 TUT，实验证明这种影响更多表现在无意的 TUT 上。实验证实了知觉负载可以降低 TUT 水平的假设，这一结果提示知觉负载效应在临床中的可能应用，未来的研究可以考察改变知觉负载来防止 TUT 干扰的可能性，考虑到多动症和负性情绪障碍患者心智游移增多的事实 [43，47—49]，通过增加知觉负载来缓解多动症及情绪失调也是一个值得探索的方向。

　　任务的负荷不仅会改变心智游移的频率，还会改变心智游移的内容。一项研究发现，当前任务的工作记忆负荷会改变心智游移内容的时间指向特征，当个体所面临任务的工作记忆负荷增加时，个体的心智游移中将来时间指向的比例会降低 [50]。对将来的展望通常需要消耗更多的资源 [51，52]，因此当首要任务的工作记忆负荷增多时，可用于心智游移的资源相应减少，并且这种减少更多地表现在将来时间指向的心智游移上。

　　尽管 SART 作为测量持续注意能力的任务已经成为研究心智游移的经典背景任务，但其测量持续注意保持能力的效度近年受到了部分研究者的质疑。Helton 等人认为，与传统的长时间警觉任务不同，SART 在持续注意任务上增加了新的维度，即冲动反应抑制和速度 - 准确性平衡的反应策略，一些实验证实了这一点。在 Helton 及其同事 2009 年完成的实验中，采用 SART 和传统的对目标反应的形式要求被试完成一个整体 - 局部字母搜索任务。在 SART 任务中随按键错误下降，个体正确反应的反应时上升，这是策略性减速的证据。此外，被试在 SART 中的表现对整体 - 局部任务敏感。任务要求被试同时关注整体和局部的元素，整体 - 局部混合的 SART 中的反应时比整体 SART 的反应时要长。Helton 认为在整体 - 局部混合 SART 任务中，被试为了防止过多的冲动反应导致的错误而策略性地降低了反应速度。在知觉一致的低 go

刺激比例的传统持续注意反应任务中却没有得到类似的结果。这一结果支持 SART 是一个更好地检测反应策略而不是持续注意能力的任务的观点。并且，SART 的错误率和反应时呈高相关关系（r = − . 61）。这些发现都说明 SART 中存在速度和准确率权衡的问题［53］。这个结论在 Helton 及其同事 2010 年的最新研究中得到了进一步的证实：与其说 SART 是一个测试持续注意能力的任务，不如说它是一个测量反应控制和反应策略的任务；而按键错误不仅仅源于心智游移，还可能源于个体监控系统的认知负载以及速度 – 准确率的权衡［54］。

多项研究表明了尽管探针报告的心智游移频率和反应错误率相关，但却不是一一对应的关系［24，55，56］。我们在一项实验中发现，被试经常在反应出错的时候报告自己并没有走神，而只是无法抑制自己已经形成的习惯化反应［57］。这个结果与 Cheyne 及其同事 2009 年的结果一致，即被试在 SART 中出现了按键错误的同时报告他们意识到了错误，并且把错误归因于他们的手而不是他们自己［58］，McVay 等人的研究也发现只有 42% 的反应错误是因为 TUT［24］。这些证据表明利用 SART 的行为指标来替代心智游移的口头报告并不十分可靠的，尽管作为一个易于发生心智游移的背景任务，SART 仍然是成功的。

总之，有越来越多的研究趋向于认为 SART 的反应指标并不单纯反映持续注意能力，还与反应抑制有关。当初 SART 的提出者 Robertson 所在的团队也发现了这个问题，并开始提出一种 SART 的变式 – 固定顺序的 SART，以消除反应抑制对实验的影响，从而使 SART 成为一个真正能够反应持续注意的任务［59］。固定顺序的 SART 的总体设计与传统 SART 一致，但 0—9 这 10 个数字是以固定的顺序依次呈现的，被试的反应与传统 SART 相同。行为和脑电实验结果证明，固定顺序的 SART 可以排除反应抑制的干扰而单纯反映持续注意［59］。目前还没有用固定顺序 SART 来作为心智游移背景任务的研究，这可能与固定顺序的 SART 相对较少的错误反应有关。开发多种形式的心智游移背景任务，仍然是一个重要的方法学课题。

除了心智游移在实验室任务中表现出的行为指标外，研究者也尝试着寻找比反应时和正确率更为客观和稳定的生理指标。例如，不多的几项研究证明，心智游移发生时个体的皮肤电和心率发生了变化，对此的解释是心智游移的内容往往具有情绪色彩，皮肤电和心率的变化正是这种情绪唤起的反应 [15, 20]。最新的两项研究发现了在阅读任务中出现的心智游移可以表现在个体的眼动特征上，心智游移时个体眨眼次数更多、注视次数更少 [60]，但注视时间更长 [61]。虽然这些研究到目前为止仍未能完全摆脱口头报告而独立地预测心智游移的出现，但这些生理指标的发现为摆脱口头报告的束缚从而更客观地记录心智游移创造了可能。

2.6　心智游移的发展

在个体的一生中，心智游移是何时开始出现的？随个体的成长又有着怎样的变化？这是一个十分有趣的问题。人的意识和心智有一个发生发展的过程，心智游移作为一个重要的意识现象，也必定有着发生发展的特征。因为幼儿言语能力十分有限，鲜有关于幼儿意识体验的研究，目前也没有证据能够说明幼儿是否存在心智游移。可以肯定的是，2 岁之前的幼儿就会做梦了，因为他们会说梦话，这表明 2 岁之前的幼儿在睡眠状态已经经验到意识的自动涌现。在清醒状态下，幼儿的随意注意还很不成熟，他们容易被新异刺激吸引而转移注意力（我们称之为无意注意或非随意注意），但我们并不知道他们是否会和成人一样在任务中出现内源性的走神。幼儿的语言能力和元意识能力的发展使得我们目前无法用对成人的方法研究 3 岁以前幼儿的意识体验。

另一方面，幼儿如果有心智游移现象，即意识不由自主地离开此时此地，他们的心智游移和成人的心智游移也应该有很大的不同。因为心智游移是一个由各种认知过程组成的复合状态，而这些认知过程本身也有一个发生发展的过程。例如，3 岁之前的幼儿情景记忆系统还没有发展成熟，那么，作为成年人心智游移的主要成分之一 —— 情景性心智游移也就不会以同样的方式在低龄幼儿身上出现；言语系统也是逐渐发展起来的，在内部语言没有发展出来以前，内部言语形式的心智游移显然也不可能存在。因此，对于发展的低龄一端，我们需要回答心智游移何时出现，以及以什么方式出现的问题。

尽管没有办法直接研究幼儿的心智游移，但有一些间接的研究成果有助于我们回答上述问题。例如，一系列针对 4—8 岁西方幼儿的访谈研究表明，4 5 岁的幼儿还不能理解意识"总是存在"、"无法停止"的特点，他们会认为只要自己愿意，思维可以随时停止，这种理解意识的不可控性的能力要到 8—9 岁甚至更晚一些时候才能成熟 ［62—64］。另外一些关于儿童幻想现象的研究有助于我们对心智游移在个体心理发展中扮演的作用作出假设。例如，早期 Singer 的一项发现 6—9 岁的高幻想的儿童的等待能力要优于低幻想的儿童 ［65］。在这里，高幻想儿童是指那些在自我报告和父母访谈中都表现出高幻想倾向的儿童，比如经常玩假装游戏、有幻想同伴等。近期的研究结论也表明，高幻想的儿童在心理理论任务上的表现优于低幻想儿童 ［66］，而幻想能力低的儿童在情绪理解方面的能力也低 ［67］。另外，最近的研究还发现了幻想和语言能力之间的联系，有想像同伴的 5 岁半儿童的叙事技巧要优于无想像同伴的儿童，他们讲的故事更为具体丰富 ［68］。尽管没有直接针对高幻想的儿童心智游移的研究，但上述证据提示，有意义的幻想类现象（也包括白日梦和心智游移）与多种心理能力的发展有关。

此外，脑功能成像研究也为我们回答上述问题提供了希望。近期的两项脑功能成像研究表明，与成人心智游移有重要关系的默认网络在 6 个月婴儿的脑中还远远没有发展成熟 ［69，70］。当然，据此作出婴儿没有心智游移的结论为时尚早。较为合理的一个猜测是，个体的心智游移是逐渐发展起来的，在发展到成人那样的以情景性心智游移为主的模式之前，个体的心智游移体验会随着诸如情景表征能力、言语能力等基本认知过程的发展而有所变化。研究默认网络的成熟和心智游移现象出现的联系，有助于我们理解心智游移的发展过程，这也提示我们可以利用多种手段间接地探测儿童乃至幼儿甚至婴儿的心智游移情况。

在发展的另一端，我们关心心智游移的老龄化。个体的老化不仅表现为生理机能的衰退，也会表现在认知功能上。多项认知能力，诸如工作记忆和信息加工速度，都呈现出随着个体衰老而退行的特点［71］。那么，这些特点是否会影响到老年人的意识流呢？老年人的心智游移与年轻人是否有不同的特点呢？为数不多的几项研究探讨了心智游移的老龄化问题。

根据老年被试执行控制功能下降这一特点，通常的推论是，老年被试会因为抑制能力下降从而导致工作记忆中无关信息的输入增加。尽管随年龄增长对无关信息的抑制能力下降得到了证实［72，73］，但由此而认为心智游移也会随年龄增长而增长的推测却没能得到支持。恰恰相反，Giambra 的一系列针对白日梦的研究结果得到了心智游移频率随年龄增长而下降的结论。Giambra 认为白日梦最初由儿童时期的想像剧（imaginative play）逐渐内化而来；年老被试的无意识信息加工较少，因而白日梦频率应该随年龄增长而减少［74］。他的一系列研究都支持他最初的假设，即白日梦在成年以后表现出随着年龄增长呈现下降的趋势［74］。Giambra 在一个大样本（471 人，17 —92 岁）的实验研究中发现，随年龄上升，个体在警觉任务中体验到 TUT 在减少［75］。内省式问卷也得到类似结果［74］，白日梦的频率和生动性在十来岁到二十来岁间达到顶峰并且慢慢下降；在内容上，老龄并不伴随着更多的关于过去的白日梦，白日梦的时间结构在一生中保持稳定；关于性的白日梦在 65 岁后下降明显，而问题解决式的白日梦随着年龄增长而增

多 [27, 74]。

纵向研究的结果同样支持以上结论。在对于 262 名成年被试在间隔 7—8 年间重复测量 IPI 的纵向研究表明，与 7—8 年前相比，成年个体在生活中体验到的白日梦在 7—8 年后减少了 [76]。更有说服力的研究来自 Gimbra1999 年发表的一项纵向研究 [77]，研究采用了非常大的样本（2791 人，年龄覆盖 17—95 岁，其中 1804 人完成了跨越 5.5—23.4 年不等的纵向调查）和信息更为丰富的问卷（IPI 中的 5 个分问卷）。研究结果表明，在白日梦的频率、对白日梦的卷入度以及注意控制三个维度上，都呈现出随着年龄递减的趋势，年轻人做白日梦的频率明显比老年人高，而且卷入程度也更高。

新近发表的一项实验室研究支持老年人心智游移频率低于年轻人的假设。Jackson 及其同事让老年被试和年轻被试完成 SART 任务，并在 SART 中插入探针以获取他们心智游移的频率。结果表明，相对于年轻被试，老年被试在 SART 中报告的心智游移更少，当 SART 中的刺激呈现速度变慢时，他们的目标反应错误率也更低（尽管当采用一般的刺激呈现速度时，老年被试并没有表现出更低的错误率）。作者认为此项研究表明，老年人在任务中的心智游移也要少于年轻人 [78]。

但到目前为止，我们还不能对心智游移和年龄的关系下结论。原因之一来自于先前 Giambra 的研究中对"白日梦"的定义与今天含义更广的心智游移并不完全等同；第二个原因在于，有可能老年人在警觉任务中出现更少的 TUT 是因为他们采用了更加小心的反应策略而不是因为他们更不容易在任务中发生心智游移 [79]；第三个原因，来自于本书作者正在进行的一项研究，这项研究表明，老年被试对心智游移的接受度低于年轻人，他们认为在任务或生活中"开小差"是非常不好的行为，并且，尽管他们会在探针出现时承认自己走神了，但他们认为这些走神都是有元意识的，而否认自己会出现没有元意识的走神，也就是说，他们觉得即便自己走神了，也是受自己控制的，不存在探针出现时才被自己发现的走神。这些结果提示，有可能老年人只是不易发现并承认自己的心智游移，而不是不容易心智游移。有一些证据支持老年人和年轻人在心智游移频率上无差异的假设，例如，有研究表明年轻人和老年人在一个记忆单词任务中的心智游移频率没有差异［80］，来自非自主自传体记忆的发展研究结果显示，非自主自传体记忆的频率在毕生发展中并没有减少［81］。

　　总的说来，我们对心智游移发展特点的了解仍然很少，存在大量的未知问题有待研究。心智游移的发展与其他认知功能的发展有何关系？心智游移在个体意识发展尤其是自我意识发展中有怎样的作用？认知老化是否会体现在心智游移体验的变化上？这些问题的答案对于我们全面认识心智游移现象至关重要。

第三章　心智游移的测量

　　心智游移研究的困难之一在于难以准确获取这种经验，甚至连对这个现象定义的共识都是模糊不清的。这种困难同样反映在对心智游移的测量上。正如我们在以下讨论中要看到的，当我们试图去找一种现成的工具去准确评估个体的心智游移特质时，会被这个领域内数量众多而相互间又有巨大差异的评定工具搞晕头脑。这些问卷在不同程度上注意到了白日梦、自发思维、分心现象的普遍性以及由此对个体生活造成的影响，并且试图用自评问卷的方式来反映个体在上述方面的特征。也就是说，这些工具大都认同心智游移或者相关现象在个体间有着较为稳定的差异，形成一种类似于个性特征或认知风格的个体特质。但我们也必须清楚，目前为止还并没有一个成熟的、广为接受的专门测量心智游移特质的工具。

　　这一章将列举在相关认知或行为特点的测量上涉及心智游移特征的问卷，它们可能只反映了心智游移的某一个或某几个方面，所调查的特质和心智游移在部分特征上可能有交叉。了解这些问卷，对于发展出一份能够准确测量出心智游移特质的工具，至关重要。在未来编制心智游移专门测量工具的过程中，可以有选择性地从中挑选一些工具作为效标。我们对这些问卷按照所调查的主题，将它们分成四大类。第一大类专门将白日梦的频率和内容特征作为一种个人特质加以测量，这包括第二章中有所介绍的 IPI 和 SIPI；第二大类关注自发思维的内容等问题，包括 ReSQ、ATQ 和 MPQ；第三大类专门测量可能由心智游移所导致的行为失误等问题，包括 CFQ、MFS、MAAS 和 ARCES；第四类用于评估个体体验到自发的内心活动的程度，包括 IRS 和 DSSQ。本章最后一部分将介绍我们在已有相关问卷的基础上编制的一份多维度的心智游移频率测查工具 – 心智游移频率、情境及表征问卷。

想像过程调查表（IPI）和精简版想像过程调查表（SIPI）是目前使用最为广泛的调查问卷，本书附录二中有 IPI 及 SIPI 的中译版本。

3.1 白日梦测量工具

正如第二章阐述的那样，早期对心智游移的研究，主要从白日梦现象入手。Singer 和 Antrobus 等人对白日梦的理解已经接近于心智游移的概念，他们将白日梦定义为：与任务不相关的思维活动以及在乘坐交通工具时或睡觉前所发生的思维活动 [22]，认为白日梦现象是意识流的一种体现 [82，83]，其内容来自于长时记忆，个体对这些信息进行各种形式的加工组合就形成了各式各样的白日梦或者幻想。这些白日梦和幻想既有逼真的视听想像，也有内心独白。Singer 和 Antrobus 归纳出白日梦的两个主要特征：思维的自发性和任务的不相关性。自发性指的是白日梦的发生不受个体意愿的控制，而任务不相关性则是指白日梦的内容与当前所从事的任务没有直接的联系。基于这样的理解，Singer 和 Antrobus 开发了想像过程调查表，系统调查了白日梦的形式、内容、频率等方面的特征，可以认为是心智游移的系统研究的雏形。

3.1.1 想像过程调查表（IPI）

3.1.1.1 问卷概况

想像过程调查表（Imaginal Processes Inventory，以下简称 IPI）是

Singer 和 Antrobus 基于 Singer 的原始白日梦问卷 [83] 而开发的,用于评估白日梦各个方面特征的系统研究问卷 [22]。IPI 包含 28 个分问卷共 344 项目,对白日梦的频率、类型和内容,个体心理活动特点及内在经验(inner experience)进行了评估。问卷及分问卷的内部一致性系数从 0.7 到 0.9 不等 [84]。在各分问卷的分析中发现,个体对白日梦的接受度与白日梦频率评估结果具有较高的相关 [77],这说明个体对白日梦的接受程度直接影响个体是否愿意将真实的白日梦频率表达出来,而自我表露的程度也影响白日梦频率、内容和表征形式等方面的测量可信度。

IPI 是最早的系统测量心智游移特质的有效问卷,但因为白日梦概念本身的模糊性,以及对白日梦的理解极大地受到受访者先入为主的一些观念的影响,使得 IPI 在心智游移研究中的使用受到一定限制。数量众多的分问卷不可避免地造成了问卷的复杂结构,但因为它有系统性,在心理学研究的各个领域都得到应用。早在 20 世纪 60 年代,Singer 和 Antrobus 就通过调查访谈和问卷来研究白日梦的结构及其与人格的关系 [85]。IPI 也被用于人格类型和精神病理学中人格类型相关研究,比如基晋二氏气质量表与 IPI 的相关分析 [86],Jackson 人格问卷与 IPI 的相关研究 [87]。这些研究表明 IPI 与人格问卷之间具有显著相关,但解释率仅有 15%—25%。研究发现,IPI 中的卷入度分问卷与人格问卷的神经质倾向和情绪稳定性有密切关系。除了人格类型的相关研究以外,IPI 还被应用于催眠易感性的相关研究 [88],白日梦频率、视觉表征、听觉表征均与催眠易感性有显著的相关。IPI 作为对白日梦现象的系统调查问卷,更多地是被用来比较不同群体白日梦频率、类型等方面特征的研究工具 [77]。

3.1.1.2 内 容 简 介

想像过程问卷共包含 28 个分问卷,其中除了卷入度分问卷(20 个项目)外,其他分问卷均包含 12 个项目。整个问卷分为两部分:第一部分是白日梦和睡眠梦的频率调查，采用5个选项的单选形式，每个题目下的选项不同，根据具体题目的性质，设置时间、频率等描述性选项；第二部分是白日梦结构和内容以及好奇心、注意等相关方面的调查，采用5点选项，1代表完全不符合、5代表完全符合。

这28个分问卷分别是：1. 白日梦频率（Daydreaming Frequency）；2. 睡眠梦频率（Nightdreaming Frequency）；3. 白日梦卷入度（Absorption in Daydreaming）；4. 白日梦的接受度（Acceptance of Daydreaming）；5. 白日梦中的积极反应（Positive Reactions in Daydreaming）；6. 对白日梦的恐惧反应（Frightened Reactions to Daydreaming）；7. 白日梦中的视觉表象 Visual Imagery in Daydreams]；8. 白日梦中的听觉表象（Auditory Imagery in Daydreams）；9. 问题解决型的白日梦（Problem Solving Daydreams）；10. 当前时间指向的白日梦（Present Orientation in Daydreams）；11. 未来时间指向的白日梦（Future Orientation in Daydreams）；12. 过去时间指向的白日梦（Past Orientation in Daydreams）；13. 怪诞的白日梦（Bizarre-Improbable Daydreams）；14. 走神（Mindwandering）；15. 指向成就的白日梦（Achievement-Oriented Daydreams）16. 逼真幻觉的白日梦（Hallucinatory-Vividness of Daydreams）；17. 害怕失败的白日梦（Fear of Failure Daydreams）；18. 敌意性的白日梦（Hostile Daydreams）；19. 有关性的白日梦（Sexual Daydreams）；20. 英雄主义的白日梦（Heroic Daydreams）；21. 罪恶感的白日梦（Guilt Daydreams）；22. 对人的好奇心（Interpersonal Curiosity）；23. 对客观事物的好奇心（Impersonal-Mechanical Curiosity）；24. 厌烦易感性问卷（Boredom Susceptibility）；25. 精神状态评估（Mentation Rate）；26. 注意涣散（Distractibility）；27. 外部刺激需求（Need for External Stimulation）；28. 自我揭露（Self-revelation）。在这些分问卷中，白日梦频率分问卷和走神问卷都是从白日梦或者走神的发生次数、持续时间以及不同情况下的特点等角度评估其发生频率。3、4、5、6四个分问卷主要针对白日梦中个体的体验和情绪反应进行调查。问卷7、8、9则是从表征的角度评估白

日梦活动的类型。问卷 10、11、12、13 四个分问卷是从时间指向的角度分析白日梦内容所代表的时间性，分别是过去发生过的、近期正在进行的、未来计划的、没有具体时间特征这四个方面。问卷 15 — 24 则分别针对不同主题评估白日梦的发生频率。IPI 通过评估各种内容在白日梦中的出现频率来区分白日梦活动类型，将心智游移的这种特殊现象进行系统归类，对于心智游移结构的研究很有启发意义。

3.1.1.4　结　构　模　型

IPI 的结构异常复杂，在不同的研究工作中所得出的结果也存在很大的分歧。但从这些分歧中还是可以找到一些共同之处，使得问卷结构有 个模糊的框架。

Singer 和 Antrobus 将 IPI 的 28 个因子和人格问卷的各个因子进行整体性的因素分析，得出 4 个原始因子，并结合其他一些人格类型量表的数据进一步将其归为三个维度 [86]，分别是：1. 白日梦中卷入度及神经症性焦虑反映 (neuroticism-anxious absorption in daydreaming)，这一维度的高分意味着常常分心、忧虑、沉浸在白日梦中，主观幸福感低，常常走神，高焦虑；2. 社会外倾性 (social extraversion)，这一维度的高分意味着白日梦的内容常常是痛苦的、疑惑的、以及伦理的沉思，幻想成功、失败和英雄主义并带有强烈的负性情绪；3. 积极的白日梦对负性罪恶感白日梦 (positive frequent daydreaming vs guilt negative daydreaming)，这一维度的高分意味着被试报告了高频率的、鲜活的白日梦，并沉浸在白日梦中，体现积极的指向未来的内容，表达白日梦中出现的新奇的想法。第三类可以分为两个因子，即积极鲜明的白日梦 (positive-vivid daydreaming) 和罪恶感及负向情绪白日梦 (guilty-obsessional emotional daydreaming)。这种分类结果在内容上没有统一性，显得非常庞杂，二阶因子的意义并不大。

Hube 等人 [89] 在 20 世纪 70 年代的研究中对 IPI 再次进行探索性因素分析，得出一阶的 8 因子结构，和 3 个二阶因子，分别是：积极建构性的白日梦（positive-constructive daydream），罪恶感和害怕失败的白日梦（guilt and fear-of-failing daydreaming）以及弱注意控制（poor attentional control）。这3个因子也是 SIPI 的结构维度，将在下文中作详细介绍。

Crawford 在 1982 年的研究中对 IPI 的因子结构作了分析 [88]，提出了 3 因子模型，分别命名为：快乐、积极的白日梦；注意控制；令人烦躁的白日梦。

以上三个研究结果都对 IPI 作了结构分析，结果各不相同，但三者在某些方面还是具有一些共同之处。Singer 和 Antrobus 模型的第一因子、Hube 模型的第三因子以及 Crawford 模型的第二因子都与注意控制有关；Singer 和 Antrobus 模型的第三因子、Hube 模型的第一因子和 Crawford 模型的第一因子都与积极内容有关；Singer 和 Antrobus 模型的第二因子、Hube 模型的第二因子和 Crawford 模型的第三因子都与负性内容有关。这些共同点说明，白日梦问卷的结构可简单区分为注意控制、正性内容及情绪、负性内容及情绪。不难看到，白日梦的情绪与内容有密切的关系，而注意在白日梦研究中有非常重要的意义。

3.1.2 精简版想像过程调查表（SIPI）

3.1.2.1 问卷概况

精简版想像过程调查表（Short Imaginal Processes Inventory，以下简称 SIPI）是由 Hube 和 Singer 等人 [89] 根据一定标准选取 IPI 中的一部分项目而形成的一个相对简短的想像过程问卷。SIPI 中的项目主要是对 IPI 中三个潜在因子的一种简短而综合性的评估。SIPI 由 45 个项目组成，分为三个维度，其中有 13 个反向计分题。其测量目标与 IPI 近似，是为了简短评估白日梦的内容和类型，个体心理活动类型和一般内在经验。SIPI 被广泛应用于理论及临床的研究，比如催眠易感性与

注意控制的关系 [90]，牙齿治疗焦虑的想像调节 [91] 等等。

　　SIPI 与 IPI 所调查的对象都是白日梦，对白日梦的定义也基本相同，从白日梦的功能性、道德色彩和注意三个角度出发，研究白日梦的特点与规律，对于研究心智游移的功能具有较好的借鉴意义。

3.1.2.2　结构模型

　　Hube 和 Segal 等人基于 344 项目 IPI 的因素分析，通过项目删选，简化问卷内容，得出三个潜在因子 [89]，并根据这三个因子来构建 SIPI。这三个因子分别是：①积极建构性白日梦，高得分者表现出相信白日梦是有意义的、能够解决问题和提供思路，白日梦会比较刺激、给人温暖和愉快的感觉，白日梦有鲜明的视觉和听觉特征，并指向未来；②罪恶感及害怕失败的白日梦，高得分者表现出抑郁、害怕、恐慌等现象，幻想获得奖金，变得很专业或者加入著名组织，他们幻想自己害怕承担责任，没能力完成工作，让爱人失望，变得很生气，仇恨敌人，发现朋友撒谎、感到自己有罪，害怕做错事情；③弱注意控制，得分高者表现为容易走神、注意力不集中，容易丧失兴趣，变得烦躁，不能长时间地集中精力于手头的工作，并且很容易受到电话、电视或者旁边人谈话的干扰。

　　积极建构性白日梦维度的项目主要来自于 IPI 问卷中接受度分问卷、积极反应分问卷、视觉表象分问卷、问题解决分问卷和将来指向分问卷，而听觉表象分问卷仅有 1 个项目。罪恶感及害怕失败的白日梦维度的项目主要来自于 IPI 中的恐惧反应分问卷、指向成就分问卷、害怕失败分问卷、敌意性分问卷和罪恶感分问卷。弱注意控制维度中的项目主要来自于 IPI 中的走神分问卷、厌烦易感性分问卷和注意力涣散问卷。这三个维度之间具有相对独立性 [89]；因素 1 和因素 2 之间的相关为 0.18；因素 1 和因素 3 之间的相关为 0.09；因素 2 与因素 3 之间的相关为 0.12。

　　虽然 SIPI 是 IPI 的一种简化形式，然而两者的调查结构却存在很大的差异。IPI 的调查取向更为细致，涉及维度较多，结构复杂。而 SIPI 却更为简洁地从白日梦的潜在结构出发测量个体在三个维度上的差异，结构清晰，是更为简便实用的白日梦测查工具。

3.2 自发思维内容测量工具

那些脱离外显目标引导，且似乎是"自动"冒出来的意识体验引起了部分研究者的注意，要理解这一显现的发生原因，就无法不去关注这种体验的内容是什么样的。虽然目前尚未有专门系统地针对心智游移体验内容的问卷，但仍有部分研究工作开始关注这种意识体验的内容，而不仅仅是发生频率，比如 ReSQ，而 ATQ 和 MPQ 则选择了这类自发意识内容中的特定内容进行评估，比如 ATQ 关注自我评价性的自发思维，而 MPQ 关注自动涌现的语义记忆。

3.2.1 静息状态问卷（ReSQ）

基于功能核磁共振实验中对个体静息态心理状态了解的需要，Delamillieure 编制了静息态问卷（The Resting State Questionnaire，以下简写为 ReSQ），用于系统了解个体在核磁共振实验中的静息状态下的意识经验 [30]。虽然这份问卷并不专门针对心智游移现象，但静息态是一个心智游移频发的状态，因而这份问卷的评估结果对心智游移研究有一定的参考价值。这份问卷的目的是为了描述和评估个体在静息状态下意识经验的内容结构，问卷将个体静息时的意识经验分成 5 个类别，分别是视觉心理表象（visual mental imagery，IMAG），指的是那些可以"看到"的心理活动，比如图片、场景等；内部语言（inner language，LANG）指的是用内部言语或听觉表征的形式进行的心理活动，它又分为两种情况：内部言语（inner speech，SPEE）和听觉心理表象（auditory mental imagery，AUDI）；躯体感觉（somatosensory awareness，SOMA）指的是对生理活动的觉知，比如感觉自己的呼吸、心跳等；内源性音乐（inner musical experience，MUSI）指的是心理上"听到"一段旋律或者音乐；有关数字的认知加工（mental manipulation of numbers，NUMB）指的是与数字有关的心理活动，比如计时、计数等等。每个类别下都有若干描述这个类别的意识经验的项目，比如描述视觉心理表象的鲜明性、主题、情绪色彩、与自我的关系等内容。除这 5 个类别之外，还有两道题目涉及到意识经验和当前任务、学习的关系以及这些经验的重复性。这样共组成 62 个项目。Delamillieure 要求个体在完成 8 分钟的静息态功能核磁共振扫描后在 10 分钟内填写这个问卷，对每个项目所代表的意识经验占刚才静息态意识经验的比例进行估计（0—100%）。

作为静息时意识经验的评估工具，ReSQ 是一份开创性的问卷，它率先关注到静息时个体内部经验的多样性，并考虑到了解静息时的内部经验对揭示静息态 fMRI 数据的重要性。利用这份问卷，可以对个体在没有外显任务目标的状态下的内部意识经验的内容结构进行评估，这也是编制此问卷的初衷。通过对 180 个个体的研究，Delamillieure 发现大部分被试都呈现出以某种内容为优势意识体验的倾向性，其中以视觉表象为主的个体比例最多。因为静息状态与心智游移的密切关系，这份问卷对了解心智游移的内容结构的研究具有启发意义。但事后评定时间比例的方式并不客观，很难想象个体可以在事后对已经过去的一段时间内自发出现的意识经验进行如此细致的时间估计，这是这份问卷的缺点。

3.2.2　自动思维问卷

在心智游移经验中，有一部分涉及对自身的评价性内容，这些自我评价会时不时地自动冒出来，它们和自尊及自我概念等心理特征有密切关系。抑郁症患者的自动思维中包含大量的负性自我评述（self-state-ment），为了研究抑郁症患者的思维活动特点，Hollon 和 Kendall [92] 于 1980 年共同开发了负性自动思维问卷（The Negative Automatic Thoughts Questionnaire-Negative，以下简称为 ATQ－N），用于评估个体负性自动思维的发生频率。ATQ－N 并没有涉及正性思维的内容，所以在研究自动思维频率上存在片面性。Kendall、Howard 和 Hays [93] 在 ATQ－N 的基础上，增加 10 个正向自我评述题，设计了 ATQ 的修正版 ATQ－R。Ingram 和 Wisnichi [94] 则开发了 The Positive Automatic Thoughts Questionnaire-Positive（以下简称为 ATQ－P），用来评估个体自发的正性思维的发生频率。因此，自动思维问卷应该包括 ATQ－N 和 ATQ－P 两个方面。

ATQ－N 从自我适应、自我概念和期待、自尊及无助感 4 个维度来评估消极的"自我评估"发生的频率，而 ATQ－P 是以日常生活状态、自我概念、未来期待及其他方面 4 个维度来测量积极的"自我评估"发生的频率。

自动产生的"自我评述"是心智游移内容的重要组成部分（但不是唯一的也不是主要的组成部分），它们一般带有感情色彩。这种自我评述对于个体具有自我暗示作用，影响个体的外部行为和思维方式，而这种自我暗示或提醒是心智游移影响个体行为的一个重要表现。但因表面效度太高，ATQ 的测量受自我防御的影响，并不能完全代表个体真实的自我，且 ATQ－N 的项目感情色彩太过浓烈，不适用于普通群体的使用。而自我评述只是自动思维活动的一部分，只能了解心智游移活动的某个特殊的方面，并非全部的自动思维内容，ATQ 正负性两个方面的自我评述的关系也尚不明确。

3.2.3 记忆涌现问卷

非自主语义记忆是心智游移中记忆成分的一种重要形式（另外还

有非自主情景记忆），Kvavilashvili 和 Mandler 注意到这一现象，开发了记忆涌现问卷（Mind Popping Questionnaire，简写为 MPQ）来评估个体不受控制地产生语义记忆涌现的现象，比如一句话、一幅图像或者一段声音等不具备情景特征的语义信息 [95]。

心智游移的内容来自于长时记忆，而长时记忆的表征方式可以分为情景表征和语义表征，在 IPI 中有分问卷分别调查了这两类白日梦的发生频率。但是 IPI 是一种封闭式的评估，所得到的结果只是代表频繁程度的分数，这不能满足一些特殊的研究要求。因此，Kvavilashvili 和 Mandler 等人在研究非自主语义记忆时，设计了 MPQ 来对这方面的心智游移现象进行调查 [95]，其价值更多地是体现在其所提供的研究思路上。

MPQ 是一种半开放式的调查问卷，侧重对非自主语义记忆信息的搜集而非测量。问卷通过四个简单的问题来了解非自主语义记忆发生的频率和大概内容。这四个问题的内容分别是：①是否经历过这种非自主的语义记忆；②通过 8 点评分评估这种现象的发生频率；③选出所经历的非自主语义记忆类型；④给出一两个自己经历的非自主记忆的例子。

MPQ 对自主语义记忆发生频率的估计非常模糊，不能用于个体之间的比较，针对内容的调查也只能用于个案研究，并没有群体间的可比性。因此，MPQ 仅用于思维取样，可作为个体思维内容的粗略反映。

3.3　心智游移相关失误测量工具

心智游移的出现会使个体的"首要任务"受到干扰，导致行为失误。这些失误可以从记忆失误角度描述，也可以从注意失误角度描述，或者从综合的记忆、注意角度描述。相对于心智游移这一难以事后准确提取、稍纵即逝的意识体验，从它引起的结果角度出发进行评估，不失为一个可行的办法。比如，认知失误的研究主要从注意、记忆等心理功能的角度着手，调查个体日常生活中出现的那些"意外的失误"现象的频率。这些"意外的失误"现象统称为认知失误，Wallace 等人将其定义为个体本来能够完成某个任务，却意外地没有完成的情况 [96]。这个定义意味着个体具备成功完成任务的能力，但是由于某种干扰而导致任务失败。Broadbent 等人认为这种"干扰"并不是来自于环境，而是来自于个体的内心，因此"认知失误"是特指那些由于内心而非环境刺激造成的对当前任务的干扰 [97]。作为一种特质，认知失误所反映的是个体的一种心理倾向性，是一种稳定的认知行为特征，这种特征可以认为是心智游移特征的一种表现方式。评定认知失误的代表性问卷是认知失误问卷（CFQ）。此外还有从心智游移引起的记忆失误角度出发的记忆失误量表（MFS），从注意保持能力出发的全神贯注觉知量表（MAAS），以及从注意转移引发的认知失误入手的注意相关认知错误量表（ARCES）。

3.3.1　认知失误问卷

3.3.1.1　问卷概况

认知失误问卷（Cognitive Failure Questionnaire，以下简称 CFQ）是由 Broadbent 和 Cooper 等人开发 [97]，用来评估注意、记忆和其他日常行为出现异常失误的情况，比如东西在眼前却没有注意到，一时想不起某个熟人的名字，或者到了地方想不起来要做的事情。CFQ 总共包括 25 个项目，问卷采用 5 点评价的方式（0 代表从来没有，4 代表总是），要求被试根据过去 6 个月内发生小错误或者失误的情况来回答问题。

认知失误并非都是由于心智游移造成，然而从原因上分析，当个体发生心智游移的时候对个体外界信息加工表层化，导致行为变得自动化。这种行为和认知上的变化的可能结果之一就是不能根据即时环境及时作出灵活反应，从而出现在当前任务上的失误。对认知失误的测量和心智游移是有密切关系的，因而 CFQ 作为认知失误现象的调查工具可以应用于心智游移领域的调查研究。

CFQ 被广泛应用于注意、人格特征、记忆等方面的研究中。研究发现，CFQ 得分高的个体比低的个体更加容易出现机动车事故 [98，99]。CFQ 在注意实验中被作为评估注意维持能力的工具 [43，100]，一般仅使用其注意和记忆两个维度。研究发现得分高的个体，其在 SART 上的表现也差 [100]，CFQ 的得分与任务无关思维（TUT）频率呈正相关 [101]。认知失误与个体的认知能力无关，而与个体的人格特征有关。同时，认知失误与个体的思维状态、注意力控制能力、行为控制能力、记忆因素有关。研究表明，CFQ 的得分与五因素人格模型（FFM）的责任心（conscientiousness）维度存在显著的负相关，还与神经质维度（neuroticism）存在显著负相关 [97，102]。另外，CFQ 在精神病研究领域也有所应用，CFQ 的得分与个体的心理健康状态有密切的关系 [103]。

3.3.1.2 内 容 简 介

Reason [104—106] 通过几个个案的日记研究，将被试日常生活中的行为失误罗列成表，并分为两类：计划性失误和执行性失误。计划性失误指的是个体由于缺乏知识、或者信息不充分、又或者不合规律而无法完成，简单的说就是注定会发生的失误；而执行性失误指的是个体在非常熟练的行为操作中出现了意外的失误。而这种执行性失误是由于注意、记忆或者行为控制方面出了错误。

CFQ 所涉及的项目主要来于执行性失误，涉及三类现象 [97]，分别是记忆差错（memory slips）、注意差错（attention slips）和心因性过失（psychomotor slips）。这些项目均以问题的形式出现，比如"你有不小心撞到别人的时候吗?","你有在指方向的时候分不清左右的时候吗?","你有忘记某项约定的时候吗?"等。

在这三类现象中,记忆出现差错的情况主要涉及突然想起不起某个人的名字,忘记行为目的,忘记某个东西的放置地点等。注意出现差错的情况是指没有注意到一些明显的事情、标志,或者没听清楚对方刚刚讲的话等。而心因性过失指的是由于信息未得到有意识的加工而产生的过失行为,比如对于说出口的话回想起来好像说错了,不知不觉地讲了一些话,不知不觉开始做另一件事情等。这些现象在个体的日常生活中普遍存在,只是发生在每个个体身上的次数不同。通过对这些行为发生次数的评估,可以反映个体"认知失误"这一特质。

3.3.1.3　问卷结构

CFQ 的潜在结构模型存在很大的争议,不同的研究者得出不同的研究结果,主要有单因素模型、二因素模型、四因素模型和五因素模型 [102],此外也有关于 CFQ 的七因素和九因素模型 [107]。我们对前 4 种模型做简单介绍。

①单因素模型。

Broadbent 和 Cooper 在不同的被试群体中使用 CFQ 进行测量,发现不同群体间所得出的结论存在很大的差异,所以他们就将 CFQ 笼统地归结为一个因素,即"认知失误"因素 [97]。他们认为 CFQ 就是综合地从三个角度(即记忆差错、注意差错和心因性过失)来评估"认识失误"特质的一般倾向。这种归类非常简洁,而其各分类项目具有较高的表面效度,一些研究者基于这一点来使用 CFQ [43,100]。

②二因素模型。

Matthews 等人使用 CFQ 来研究认知失误与压力的关系,他们通过多种因子分析技术来探索 CFQ 的内在结构,提出了二因素模型,认为CFQ 包括一般认知失误和姓名相关失误两个因素 [107]。但是这个模型只解释了问卷总变异的 24%,表明这种模型在结构上存在缺陷。

③四因素模型。

Wallace 等人 2002 年的研究中提出了四因素模型，分别命名为记忆（memory）、分心（distractibility）、粗心大意（blunders）和对名字的记忆（memory for names）。这四个因素本质上与 Broadbent 所提出的三类认知失误现象类似，只是四因素模型将记忆差错这一类别分成了两个，即一般记忆因素和姓名记忆因素 [96]。Wallace 模型的四个因素之间具有高相关。此外，德国版 CFQ 也得出了四因素模型 [108]，分别是未激活（loss of activation）、错误激发（false triggering）、激发失败（failure to trigger）和无意向激活（unintended activation）。

④五因素模型。

基于 Broadbent 等人对认知失误的概念假设，Pollina 和 Greene 等人在 387 人毕业生样本的研究中得出了五因素模型，分别是误导行为（misdirected action）/目的性错误行为因素、分心（distractibility）、空间/动觉记忆（spatial/kinesthetic memory）、名字记忆（memory for names）和人际理解（interpersonal intelligence）[109]。这 5 个因素本质上类似于 Broadbent 和 Cooper 所提出的认知失误的三类表现。其中目的性错误行为因素和人际理解因素的内部一致性较低，分别是 0.25 和 0.54，所以这种模型结构上也存在一些不合理性。

Wallace 等人为了探讨 CFQ 问卷的结构模型，于 2004 年采用了 709 人的大样本对单因素、二因素、四因素和五因素模型进行拟合度的比较分析 [102]。结果显示：非嵌套模型的比较中发现，Wallace 的模型比 Broadbent 的单因素模型和 Larson/Matthews 的二因素模型为优。嵌套模型的比较中发现 Pollina 的五因素模型比 Broadbent 和 Larson/Matthews 的模型为优。进一步的检验结果表明（ECVI 指数），Wallace 模型比 Pollina 模型有更理想的拟合度和交叉检验结果。但是两者的差异并不明显。虽然这些结构都支持四因素模型，但是仅通过单一的样本并不能绝对地说明哪个模型较优，因为 Broadbent 的研究似乎表明不同的样本群体有很大的区别。因此，Wallace 又选取了一个 386 人的样本进行四因素模型的验证，结果显示模型结构稳定，拟合度良好。

虽然这样的研究结果似乎支持四因素模型结构，然而不同研究就不同群体所得出的不同结论仍然不能忽视，关于 CFQ 的结构还需要进一步的探索，而引起认知失误的原因也还需要进一步的分析。在使用这个问卷作为心智游移的测查工具时，需要明了两者并非一一对应的关系。

3.3.2　记忆失误量表

记忆失误量表（Memory Failure Scale，以下简称 MFS）是由 Cheyne 和 Carriere 等人开发，用于评估个体日常生活中经常出现的一些记忆失误现象，比如忘了某人的名字、忘了很重要的约会、舌尖现象等 [110，111]。在心智游移发生时，因为当前意识空间脱离首要任务转而加工内部信息，这可能会造成个体不能提取首要任务所需信息而发生记忆失误的现象。然而心智游移并非记忆失误发生的唯一原因，线索不当等因素也可造成提取失败的情况。因而在利用 MFS 研究心智游移时须对引发记忆失误的不同原因铭记于心。实验也表明，MFS 对 SART 各项指标的预测效果不显著，MFS 与 SART 任务中错误率和反应时的相关均较低 [110]，表明 MFS 和心智游移之间并非一一对应的关系。

此外，尽管尽量控制注意因素的影响，但由于注意失误和记忆失误区分的困难性，MFS 的评分和下面要介绍的注意失误问卷如 MAAS、ARCES 之间存在显著相关。记忆的失误可能由与注意疏忽及其他注意相关的失误引起 [110]。研究表明：MFS 与 MAAS - LO 以及 ARCES 之间具有中等程度的正相关 [111]。以 MAAS - LO 和 ARCES 为自变量，对 MFS 进行回归分析，结果表明 ARCES 对 MAAS - LO 与 MFS 之间的回归关系具有中介调节作用。这说明，某些记忆失误的发生是由注意失误引发，两者相伴随而存在。因此 MFS 在测量心智游移表现特征上的独立性有待进一步考虑。这些结果需要进一步分析，记忆研究在心智游移研究中具备进一步开拓的价值。

3.3.3 全神贯注觉知量表

全神贯注觉知量表（Mindful Attention Awareness Scale，以下简称MAAS）是由 Brown 和 Ryan 等人为了研究专注力和主观幸福感之间的关系而开发的，用于评估个体的专注能力（mindfulness）[112]。问卷共有 15 个项目，构成单一因素模型，采用 6 点评分方式，从注意和意识的角度来评估个体专注能力。MAAS 在大学生、商业人士和癌症患者群体中均有较高的信效度。

MAAS 将专注状态发生的频率作为专注能力的测量指标，关注个体对当前事件的注意保持及对任务进程的有意掌控。因为注意保持和意识觉知都是常见现象，基本上是一种生活常态，在频率方面的鉴别力不高，所以 MAAS 从其反面出发，通过调查个体因为未能保持注意而发生的行为失误或者无意识觉知的行为来反映其专注能力，项目中具体描述为"自动地去做"、"没有意识到"、"没有注意到"等。MAAS 可以直接作为注意失误、注意疏忽（attention lapse）等现象的评估工具。由注意疏忽而出现的行为失误是心智游移的表现之一，因而在心智游移研究中，MAAS 也可以用作测量心智游移表现的有效工具 [110]。

作为专门评估个体注意保持能力的有效测量工具，MAAS 与注意保持实验（SART）中的各项指标具有显著的相关。Cheyne 和 Carriere 等人针对大学生群体，对原始 15 项目的 MAAS 进行一些修改 [111，113]，舍去三个项目，其中包括一个关于驾驶过程中出现的注意力不集中的项目（在大学生群体中并不普遍），和两个关于注意失误的结果的项目，形成专门测量注意疏忽的问卷，称为 Mindful Attention Awareness Scale-Lapse Only（MAAS – LO）。在实验研究中发现，MAAS – LO 得分与 SART 的总体反应时之间存在显著相关 [111]。另外，无法保持注意集中是厌烦倾向和注意相关认知错误发生的主要原因 ［110］，而有注意疏忽倾向的个体，更加容易出现记忆障碍 ［111］。

3.3.4　注意相关认知错误量表

注意相关认知错误量表（Attention-Related Cognitive Errors Scale，简写为 ARCES）是由 Cheyne 和 Carriere 等人开发 ［110，111］，用于评估个体发生注意相关认知失误现象频率的工具。ARCES 共包含 12 个项目，构成单一因素模型，其项目主要来源于 CFQ 和 Reason ［104—106］ 的行为失误列表，选取仅与注意相关的认知失误现象，尽量排除诸如记忆、动机等因素的干扰，调查个体生活中那些不觉知的、意识恍惚状态下发生的失误行为。

ARCES 中认知失误的指标是那些非常熟练、熟悉或者单调、乏味的任务中的失误行为的发生次数 ［110］。在正常情况下，一般个体都有足够的能力去完成，而失误行为的发生则是由于个体注意疏忽所导致。而对这些失误行为的评估，最终目的还是为了判断个体注意保持、控制等方面的品质。

ARCES 中的项目描述了那些行为结果和本来目的不同或相反的现象，这些现象可能是由心智游移造成的，也可能是因为环境因素或者个体正处于沉思状态引起，不能认为完全是心智游移现象。比如"我发现我穿了不配对的袜子"，此时个体可能正专心思考某件事情，而忽略了当前在做的事情。这种沉思可能是一种心智游移，也可能是个体有意识控制的思维活动。个体日常生活的认知错误也不能完全归因于心智游移，因为个体的注意转移到外界的另外一件事情也可能造成认知错误。比如倒茶时被窗外的动静吸引，以致茶从杯中满了出来。尽管个体思维被干扰（distract）的现象不能完全归因于心智游移，起码也有相当部分是由心智游移引起的，当然，量表所描述的一般只是一瞬间的心智游移，长时间心智游移的个体并不能完成外界的复杂任务。所以量表本身所涉及的那些行为失误不能完全描述为心智游移的结果。

值得一提的是，虽然 MAAS 和 ARCES 都是描述注意相关失误发生频率的工具，但它们与另一个专门研究注意维持能力的实验任务 SART 之间的关系却并不相同 [113]。ARCES 的得分仅与 SART 中的 nogo errors 显著相关，而 MAAS 仅与 SART 的反应时相关 [110]。这种差异反映了这两份工具的测量对象可能有区别，因为 nogo error 是一个反映抑制失败的指标，而 SART 中反应时更多地反映了自动化加工的倾向。对这两份问卷之间的关系还需要进一步研究。

3.4　主观状态问卷

心智游移是一种意识状态，一部分研究工作着眼于这种状态和任务状态的冲突关系，尤其关注在特定情境或认知缺陷背景下类似心智游移现象频繁发生的现象，比如压力情境和注意缺陷多动障碍背景下个体体验到的不能控制的、自发出现的与任务无关的意识体验。

3.4.1　邓迪压力状态问卷中的思维内容成分问卷

邓迪压力状态问卷（Dundee Stress State Questionnaire，以下简称 DSSQ）是由 Matthews 等人于 1999 年开发，问卷从情绪（affect）、认知（cognitive）和动机（motivation）三个角度来评估个体在刚刚过去的一段时间内的主观压力及觉醒状态，具有较高的信效度 [114，115]。其中情感角度主要涉及个体的情绪和情感反映，要求个体在描述情绪性词汇上打分的方式进行评估，比如紧张、快乐、冷漠等；动机角度主要涉及个体行为背后的驱动力，来自于个体需要或者压力，比如对任务的兴趣，希望取得某种成绩等；认知角度主要涉及个体的信念及思维方式，比如自尊、自我意识控制等。DSSQ 由 96 个项目组成，采用 5

点 Likert 计分方式，适用于大部分因为任务或者环境而引发的暂时性压力状态的评估，比如 DSSQ 被用于汽车驾驶疲劳和压力的研究 [116]。

DSSQ 中与心智游移有密切联系的是思维内容部分（Thinking Content Component，TCC）[114]，此部分问卷根据个体在压力状态下思维会变得难以集中在当前任务上的现象，评估个体思维内容非自主地跳转到任务以外的内容上的程度。该部分共有 16 个项目，分为两个部分，各包括 8 个项目，分别命名为任务无关思维（TUT）和任务相关干扰（Task related Interference，TRI）。前者所包含的项目诸如"我想起一些自己担心的事情"，"我想起前几天发生的事情"等；后者所包含的项目诸如"我在想自己完成任务的能力"等。问卷要求个体针对刚刚过去的一段时间内的思维内容进行评估，由于专门针对思维从当前任务转向任务无关信息加工的情况，因而经常被用来作为实验任务中发生心智游移情况的事后评估工具。Smallwood 等人将 DSSQ 中的 TCC 作为 TUT 和 TRI 的一种评估手段，结果表明该部分问卷得分与 SART 中发生心智游移的口头报告和行为指标正相关 [43]，显示了 TCC 作为一个心智游移状态的事后评估工具的价值。

因为作为心智游移测量工具的 TCC 的结构本身较为清晰和简单，即包含任务无关思维和任务相关干扰两个部分，因而在此不作进一步的结构模型介绍。需要特别提到的是，对任务无关思维和任务相关干扰两部分思维内容的划分是必要的，这两者都是个体不能集中注意于任务本身而产生的有悖于任务目标的思维体验，但 TUT 和 TRI 可能具有不同的发生机制和结果。

3.4.2　内源性心神不宁问卷（IRS）

3.4.2.1　问卷概述

内源性心神不宁问卷（Internal Restlessness Scale，以下简称 IRS）

由 Weyandt 等人开发，他们注意到患 ADHD 症状（注意缺陷多动障碍）的个体经常报告自己有无休止的内心活动，因而专门开发了这份自陈问卷来评估个体体验到内心无休止的活动的程度，称之为内源性心神不宁 [47，117，118]。问卷采用 7 点 Likert 量表的形式（1 分代表从不，7 分代表总是），专门评估个体体验到无休止的内心活动的频繁程度。研究证实 IRS 得分和 ADHD 症状的正相关，因而 IRS 也适用于判断个体是否患 ADHD [47，118]。

问卷项目所描述的内源性心神不宁在一定程度上和心智游移有相似之处，比如"各种想法从我的大脑里面跑过"（thoughts race through my mind），"我在走神"（my mind wanders），"内心的不平静让我无法入睡"（mental restlessness prevents me from sleeping）等等。问卷强调这种心理活动不受控和无法抑制的特点，这一特点符合心智游移的特征。但问卷更强调重复、跳跃性或者情绪性的思维活动造成个体心理疲倦，无法集中精神于当前任务或思维混乱的极端负面效应。问卷中还有一些项目涉及非心智游移的内容，比如因外界视听刺激造成的分心，不能组织自己的思维、不能做计划、经常打扰他人等。因为开发 IRS 时针对 ADHD 个体的初衷，因而它侧重描绘过度涌现的内源性意识内容，或者说这个问卷的主要目的是鉴别出那些因为不能控制内源性意识内容并对个人生活造成严重困扰的个体。高分结果是心智游移的一种病态表现而非常态表现。这使得这份问卷在针对心智游移研究的问卷中受限颇多。

3.4.2.2　问　卷　结　构

Weyandt 等人在 2003 年的研究中，通过因子分析得出 4 个因子 [47]，分别是：①内源性分心（internal distractibility），指由于内部涌现的想法而导致的分心，比如"我的脑中重复出现一些场景"，"我因视觉刺激而分心"；②内源性心神不宁（internal restlessness），指内心不断地有想法涌现出来，让个体无法平静又无法得到控制，比如"脑子里不停出现一些思想让我无法放松";③内源性冲动(internal impulsivity),指内心有干扰别人的行为的冲动,比如"我在与别人的交谈中有打断别人谈话的冲动";④内源性无组织(internal disorganization),指无法进行系统有组织的思考,比如"我感到指定计划是一件很困难的事情"。在这四个因素中,因素1反映了认知的分心,因素2强调心理活动的不平静体验(更强调内心的体验),因素3和4则表现了认知的冲动和无组织。

3.5 心智游移频率、情境及表征方式问卷——一份多维度的心智游移测查工具

虽然在目前针对心智游移的研究中,当需要测量心智游移的个体差异时,IPI尤其是其中的白日梦分量表仍是使用最为广泛的工具,但正如我们前面分析的那样,IPI中的测量对象——白日梦,和心智游移是两个不完全相同的概念。并且IPI整体的结构过于复杂,全量表及SIPI的测查侧重于反映白日梦的内容和其他人格的关系;而在目前心智游移研究中使用最为广泛的白日梦频率分量表能反映的问题又十分局限。因此,迫切需要一份能够专门针对心智游移现象进行个体差异评定的工具,同时,我们也希望编制一份符合中国社会文化背景的心智游移测查工具。

我们的问卷项目直接来自于前期针对20名大学生志愿者的深入访谈,访谈的内容涉及心智游移的频率、内容、发生背景、功能、情绪色彩以及个体对心智游移的态度。在参考IPI结构和内容的基础上,综合访谈的结果,我们编制了一份涉及三个方面的心智游移问卷,包括心智游移频率问卷、心智游移的任务背景以及心智游移的表征形式(情绪、态度、功能等内容在前期的探索性因素分析中发现效果不理想而被删除),每一个项目的安排都进行了专家评分程序。经过探索性因素分析和项目分析,最后形成了一份由三个分问卷共66个项目组成的问

卷，包括心智游移频率问卷、心智游移任务背景问卷以及心智游移表征方式问卷。验证性因素分析得到了各问卷包含的因素，根据这些因素我们可以测量个体在心智游移的频率、心智游移的易发背景以及心智游移的表征方式上的特点。在一定数量的受访者群体中（探索性因素分析样本容量295人，验证性因素分析样本容量403人），问卷获得了良好的信度和效度。

下面简单介绍每个分问卷及其因素。

分问卷一 心智游移频率问卷

频率问卷从心智游移的定义出发，通过自发思维和注意失控两个方面评估个体心智游移发生的频率，同时包含第三因素——心智游移频率的总体评价，作为频率的一种辅助评估方式。该分问卷以自发思维和注意失控两个因素的总分来表示心智游移的发生频率，第三因素作为补充。

因素1，自发思维。指的是个体体验到的一些脱离个体意愿的意识经验。该因素主要强调心智游移的不受控制性。心智游移的发生不受个体预期控制，而是一种自动发生的心智活动，与当前的任务不直接相关。该因素共包含10个项目，分别是项目1、3、5、7、9、11、13、16、18、20。

因素2，注意的失控。在个体进行任务时，心智游移经常表现为注意的转移，即注意不再指向和集中于当前任务，转而指向内部思维活动。日常生活中认知失误或者记忆失误的发生可以理解为注意发生转移的结果。注意转移同时还表现在注意无法保持在当前任务上，经常出现"跳跃"。该因素共包含5个项目，分别是项目4、8、12、17、21。

因素3，总体性评价。总体性评价可以理解为个体对自己是否经常心智游移的一个总体性评价。这种评估方式比较模糊，会受到个体对心智游移接受度的影响，但是仍然能够在一定程度上反映个体心智游移频率的趋势。该因素共包含 6 个项目，分别是项目 2、6、10、14、19、22。

分问卷二 心智游移任务背景问卷

分问卷二调查不同任务或者状态下个体心智游移发生的频率。个体的状态分为无任务状态、趋向性任务、回避性任务及背景性任务。不同任务下，个体心智游移的发生频率表现出稳定的特征，并借此区分不同特征的群体。

因素 1，无任务状态。指的是一种没有目标，没有明确任务指向的情况。这种状态表现为当前时间段内没有具体的任务，个体处于一种休息的状态。该因素包含 6 个项目，分别是项目 1、3、5、7、9、11。

因素 2，趋向性任务。指的是任务比较轻松、个体比较感兴趣或者需要个体投入一定精力来完成的任务情况。这种状况下，个体对任务的卷入程度比较高。该因素包含 8 个项目，分别是项目 2、4、6、8、10、12、14、16。

因素 3，回避性任务。指的是任务比较枯燥、个体没有兴趣甚至可能厌恶或者不需要什么努力就能完成的任务。这种情况下，个体对任务的卷入度比较低。该因素包含 7 个项目，分别是项目 13、15、17、19、22、24、26。

因素 4，背景性任务。这里的任务性质更多表现为一种背景，比如乘坐交通工具、散步等活动，个体完成该任务不需要有意思维的参与，完成行为的过程是一种自然而然的自动化过程。该因素包含 5 个项目，分别是项目 18、21、23、25、27。

分问卷三 心智游移表征形式问卷

分问卷三通过调查心智游移的内容表征形式来反映其频率特征。

心智游移的内容来自于长时记忆，记忆的表征形式可以分为情景表征和语义表征两种类型。其中情景表征是指具有时空背景和自我意识体验的内容形式；而语义表征则是指以抽象概念形式出现，或者任何以单一知觉特性出现的内容。经过因素分析发现，心智游移的表征形式可以通过三个维度来描述，分别是情景表征、听觉表征和非声的语义表征。

因素1，情景表征。指的是具有一定时空特征的表征形式，比如一些场景性事件。该因素共包含8个项目，分别是项目1、3、5、7、9、12、14、16。

因素2，听觉表征。指的是心智游移以纯粹的听觉表征形式出现，比如乐曲、旋律等。该因素共包含4个项目，分别是项目2、4、6、8。

因素3，非声的语义表征，指的是除声音以外的其他语义表征内容，比如图像、词组等。该因素共包含4个项目，分别是项目11、13、15、17。

该问卷最初针对18—30岁的青年人设计，编制过程中样本均来自高校学生群体，因此该问卷在更为广泛的群体中的适用性还需进一步检验。但与IPI以及其他相关的问卷相比，这个问卷具有明显的特点。它不仅从心智游移的定义出发直接反映个体的心智游移频率特征，还可以从易发生心智游移的任务背景以及心智游移的内容表征结构上反映个体在心智游移上更为细致的特点。

完整的心智游移频率、情境及表征方式问卷见本书附录三。

第四章　心智游移——一种重要但被忽视的思维形式

心智游移在个体清醒意识体验中占据如此大的份额，不由得让人思索它的功能。人类个体在这种无控制无目标的意识活动上花费了大量时间，如果认为这种活动除了浪费时间和干扰当前主要任务之外，却没有什么实际的用处，似乎是说不通的。但是由于目前缺乏这方面足够的直接实验证据，关于心智游移功能的讨论，仍然停留在推论多于实证的阶段。这些讨论大致可以分为三类：

第一类讨论认为，心智游移有助于个体的脑在无任务时保持警觉，从而使认知系统在无任务时保持适度的活跃 [16，119]，进而有利于对外界环境的反应。有研究者认为，静息时个体处在一种对外界环境的广泛监控的状态下，此时个体的注意并未聚焦在某物体上，但对整个外界环境需要给予广而浅的注意，这是一种"警觉"、"监控"或"探索"的状态 [120—122]，而静息状态正是心智游移频发的一种状态。但这种解释并不能说明在任务中发生的心智游移的功能。

第二类讨论认为，心智游移是一种对以往信息的巩固和再巩固的过程。人类个体的脑需要通过这样一种过程来对那些重要的或是与个体的当前关注有关的经验进行整理。这种整理很大程度上是自动的过程，但并不一定是无意识的过程。心智游移和记忆之间的密切联系是支持这个假设的证据。心智游移对记忆尤其是情景记忆的依赖性，还涉及心智游移对自我意识的贡献。

第三类讨论认为，心智游移可能具有问题解决的功能。虽然尚无直接证据证实心智游移和问题解决之间的关系，但已有一些间接的证据表明心智游移可以是有内隐目标导向的，其内容和个人自身有关。也就是说，个体在利用心智游移这样一种和目标导向思维截然不同的方式，进行着指向问题解决的活动，尽管个体自身可能对这一"目的"和功能并不知情。这一功能和近年来成为研究热点的无意识思维有着密切联系。

在这一章中我们将从心智游移的功能角度（即上述第三点的角度），讨论心智游移和其他几种非目标导向的自发认知活动（包括无意识思维和梦）的关系，尤其关注这些自发认知活动在记忆巩固和问题解决方面表现出来的作用。并专门讨论将心智游移作为一种思维形式的可能性。上述对心智游移功能的第一类和第二类讨论将在心智游移与意识（包括与自我意识及记忆系统）一章中讨论。

尽管经典的思维研究更关注在推理、问题解决和决策中被人熟知的目标导向性思维，但在大众心理学和我们的直觉中，自发思维的作用却更吸引人。当大众说起直觉、第六感觉、顿悟等一系列绕开逻辑推理、目标导向思维以及意识控制的思维通路而作出出色判定的现象时，通常表现出一种带有神秘面纱的信任和欣赏。幸运的是，这种基于日常经验和主观感觉的对心智游移的直觉看法现在得到了越来越多科学实验的证实。

根据某些西方研究者的观点，自发思维（spontaneous thought）指的是那些个体对思维过程的方向缺乏有意控制的思维过程 [123]。Christoff认为无意识思维、白日梦、心智游移等属于自发思维的范畴 [124]，而心智游移是自发思维的最典型形式。个体常有解决不了的问题，通常采用的办法是将问题抛之脑后甚至"带之入眠"（sleep on it）[125]，在这段时间里，个体在做别的什么（也可以在睡觉）而并没有刻意地去思考它，而关于这个问题的念头，有时以心智游移的形式一闪而过，有时根本不曾被意识到，问题的解答就这么自然而然地涌现出来。我们把这种现象称为"灵光一现"、"直觉"或"顿悟"。显然，这些直觉或顿悟均来自脑的"孜孜不倦"的工作，尽管这些工作不受意识控制，甚至根本没被意识到。因此，我们有时也用另一个词——"离线"（off-line）思维来描述这个过程，而将个体意识和认知控制范围内的过程（即目标导向过程）称为"在线"（on-line）思维。在线思维是有意识的、受控的，离线思维是不受控的，可以是有意识的，也可以是无意识的。

与备受关注的目标导向思维不同，自发思维不受个体的意识控制，在发起和方向上都是"非自主"的，目前的证据已经显示这类认知活动有着令人惊讶的信息处理能力，人脑的自组织性保证了思维在脱离意识控制时也可以运行。由于意识加工的有限容量，受个体意识控制的目标导向思维在处理某些问题时，远不如自发思维有效。因为心智游移的非自主性，我们并不总是能够体会到心智游移对问题解决的帮助。越来越多的证据支持这类自发认知活动在问题解决方面的作用，这正是它们的神奇之处：有心栽花花不开，无心插柳柳成荫。认识到包括心智游移在内的自发认知活动的能力，至少可以增加我们在深思熟虑之后又凭直觉作出决策时的自信。

4.1 无意识思维与心智游移

我们通常认为，个体在面临一个问题时，长时间的关注和深思熟虑对问题决策是有帮助的，这也是思维研究领域长期关注的对象，即目标导向性思维。在这样的思维过程中，个体高度关注问题目标状态，围绕目标进行系统思考。但近年另一种现象同样引人注目：研究者们发现，在某些情况下，个体在没有集中精力思考目标问题而是做点别的事情之后，反而能够作出质量更高、更令人满意的决策，在面临一些复杂的决策情景中这个现象更为普遍。研究者认为个体在进行与决策问题不相干的活动过程中，针对目标问题的加工是在"后台"或"离线"进行，这个过程被称为无意识思维 (unconscious thought，UT)，而与之相对的是有意识思维 (conscious thought，CT)，此时注意指向眼前要解决的问题。

我们认为，可以按照是否有意识以及是否受控这两个维度对思维进行分类。按照思维过程是否受到个体意愿的控制，我们可以将思维分成随意思维和非随意思维。随意思维即受控思维，是一种个体自主的、有目的的思维，同时它也是能够被觉知到的；而非随意思维即不受控思维，是一种非自主的、无向性思维。非随意思维可以被觉知到，也可以不被觉知到。被觉知到、进入意识的非随意思维就是心智游移，而没有被觉知到从而处于无意识水平的思维，才是真正的无意识思维。梦和心智游移一样属于觉知水平之上的非随意思维，但因为此时脑的觉醒状态不同，和心智游移还是有本质的不同。

前面讲的离线思维和在线思维，实际上是根据思维是否受控来划分的，在线思维是受控的随意思维，而离线思维是不受控的非随意思维。Dijksterhuis 等人认为区分有意识思维和无意识思维这两个概念的关键是：注意是否指向当前要解决的问题。例如，考虑要买一辆车并专心致志地考虑这个问题，这时注意指向备选的汽车信息，这属于有意识思维；考虑要买一辆新车，但浏览完备选汽车信息后注意投入到一个分心任务（如工作记忆任务）中去，在分心任务中发生的对汽车信息的加工就属于无意识思维 [126]。通常我们区分有意识和无意识的标准是"意识性"，即觉知与否 [127]，但是，从事无意识思维研究的人员从未在研究报告中使用"有觉知"和"无觉知"这样的词来区分有意识思维和无意识思维。在这里需要特别强调的是，意识和注意是两个可以分离的相对独立的机制 [128]，而目前区分无意识思维和有意识思维，或"在线"思维和"离线"思维的关键，是注意而非意识。因此，Dijksterhuis 等人所指的无意识思维，其实是一种非随意思维，个体在从事分心任务时发生的对待解决问题的无意识思维里很可能也包含了非随意但有意识的心智游移的成分。也就是说，虽然没有将注意指向待解决问题，但并不能排除待解决问题"自己"跑到意识中去的可能。正是基于这一点，我们把心智游移和无意识思维联系起来。

下面我们对 Dijksterhuis 及其团队的工作的介绍中，将沿用他们关于"无意识思维"的提法，但读者需要明确，他们所说的无意识思维，实际上是一种非随意思维。

在无意识思维研究领域最具代表性的是 Dijksterhuis 及其团队做的一系列关于决策的研究。2006 年 Dijksterhuis 和同事发表在 *Science* 上的一项研究报告 "On Making the Right Choice：The Deliberation-Without-Attention Effect" 引起了学术界对问题解决的"无意识思维效应"（Unconscious thought effect，UTE）的热烈讨论 [126]。

在这个研究中，Dijksterhuis 等人通过四个关于消费抉择实验对无意识思维在复杂决策中的优势效应进行验证，结果表明无论是实验室环境还是在真实的购买环境，个体在缺少仔细考虑即无意识思维状态下能够作出高质量的购买选择。对于简单类商品，人们有意识思考时间越久，购买后的满意度越高。相反，对于复杂类商品，个体有意识思考时间越久，购买后的满意度越低。

在实验一中，被试阅读关于四辆虚拟备择汽车的信息。简单条件下，每辆汽车有四条属性；复杂条件下每辆汽车有 12 条属性。相关的属性不是优点就是缺点。四辆汽车中，其中一辆 75% 是优点，25% 是缺点；两辆汽车优点和缺点各占 50%，还有一辆汽车是优点 25% 缺点 75%。在阅读完汽车的相关信息之后，个体被分配到有意识思维或者无意识思维条件组。有意识思维条件下，要求个体在选择最喜欢的汽车之前花 4 分钟来认真考虑。无意识思维条件下，给个体呈现一个解决字谜的为时 4 分钟的分心任务，在分心任务之前个体被告知在字谜任务后要选出最喜欢的汽车。实验结果表明，在作出最优选择的人数比例上，无意识思维组在简单和复杂条件下没有显著差异。而有意识思维组在复杂条件下作出最优选择的人数比例显著低于简单条件。在实验二中，不要求被试作选择，而是测量被试对每辆汽车的态度，其余操作同实验一完全一致。结果表明，用个体对最优汽车和最差汽车的态度差值作为反映个体区分汽车质量的能力指标，无意识思维组的个体在复杂条件下表现得更好，而有意识思维组的个体在简单任务条件下表现得较好。实验三采用了更具生态效度的方法，给被试一份包含 40 种不同复杂程度产品的清单，要求学生选择一种他们最近购买的产品并回答如下问题：你购买的是哪一种产品？在你去商店之前你已经知道产品了吗？在第一次看到商品和之后决定购买此商品之间用了多少时间来思考？你对于所购买产品的满意度如何？研究考察了思考时间和购买后满意感之间的关系。回归分析表明，思考并没有提高个体的满意度。但有意识思考和问题复杂度这两个参数的交互作用可以预测个体选择后的满意度。通过计算关于三种不同复杂程度的商品（复杂，中度，简单）思考时间和选择后满意度之间的相关，发现对于中等复杂度的商品（比如飞机票），两者不相关；对于简单的商品（比如洗发水），两者正相关；对于复杂的商品（比如照相机、租房子），两者负相关。即，对于简单类商品，人们有意识思考时间越久，购买后的满意度越高；相反，对于复杂类商品，个体有意识思考时间越久，购买后的满意度越低。实验四采用现场研究，选择两家商店，IKEA 和 Bijenkorf，这两家商店的区别在于，前者主要出售复杂商品（如家具），后者通常出售简单商品（如衣物、厨房用品等）。在商店出口处，被随机抽取的购物者要回答以下问题：你购买了什么？花了多少钱？你在来商店之前对所购买的商品有所了解吗？从你第一眼看到这个商品到你买下它期间你对它作了多大程度的思考（1—10 分）。所有受访的购物者在几个星期后被电话回访其对所购商品的满意度（1—10 分）。研究采用中分法，根据个体对商品的思考程度将参与者分为有意识思维和无意识思维两组。如预期一样，在 Bijenkorf 购买商品的顾客，有意识思维组比无意识思维组的满意度要高。在 IKEA 购物的顾客，无意识思维组比有意识思维组的满意度要高。

　　无意识思维在复杂问题中作出了更优决策的结论得到了后续一系

列研究的证实,问题情境涉及日常生活的方方面面,比如选择室友、买车、司法判断、道德判断甚至预测球赛结果等较为复杂的问题情境,相对于有意识思维,无意识思维都显现出独特的优势 [129—137]。

　　这些研究在实验中通常采用在呈现待决策问题后要求个体完成一个分心任务的办法来达到使个体对待决策问题的加工处于无意识思维状态的目的,这个任务往往要求个体高度投入注意资源,如 n-back 的工作记忆任务(n-back 任务要求被试将刚刚出现过的刺激与前面第 n 个刺激相比较,通过控制当前刺激与目标刺激的间隔刺激个数来操纵工作记忆负荷)、字谜游戏等。通常采用的实验流程如下:(1)信息获取的前期阶段:在信息呈现之前,给被试指导语信息,告知决策任务;(2)信息获取过程:给被试呈现有待决策的问题信息,诸如汽车或者公寓的多个属性信息;(3)信息获取的后期阶段:分为两组或者三组,一组进行分心任务(认为发生无意识思维),一组在限定时间内(如 4 分钟)进行有意识思考决策,但是此时不能再看到问题的信息,如果将被试分为三组则第三组被试在问题信息呈现后马上作出问题决策,称为立即决策组 [138]。如图 4.1 所示:

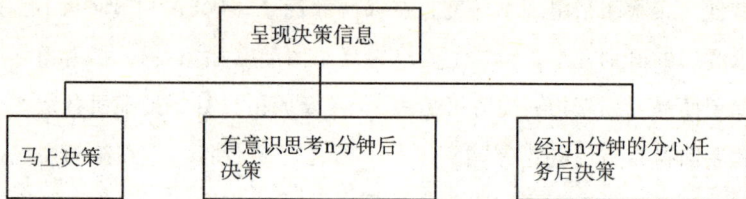

图 4.1　无意识与问题决策研究的常用流程简图

　　在问题决策研究中常采用来衡量问题决策水平的指标有被试选择的主观满意度,以及主试事先确定的客观量化标准。被试主观选择满意度的评定通常是在被试作出决策之后要求填一份关于选择满意度的态度问卷,从 1—100 分,分数越高代表选择的满意度越高。主试事先确定的客观标准通常每个备选项都有 12—16 个属性,将包括 75% 优点属性的选项定义为最优选择,将包括 25% 优点属性的选项定义为最差选择，中间选项通常包括50%的优点属性。

采用上述研究流程的一系列实验结果证实了 Dijksterhuis 提出的无注意思索效应（the deliberation-without-attention effect）假说，也称为无意识思维效应（unconscious thought effect），简称 UTE［135］。这个假说认为思维模式（有意识思维或者无意识思维）和待决策问题的复杂度以及决策质量之间存在系统性的关系。复杂度可用待决策问题中所包含的信息数量来衡量：选择对象只有一个或者两个重要的属性特征的选择问题（如选择烤箱手套或者牙膏）属于简单问题；待选择目标包含有很多重要特征的选择问题（如汽车或者房子）则属于复杂问题。Dijksterhuis 认为有意识思维对简单规则的精确执行会使其在简单问题中作出更好的选择判断，但是因为有意识思维的容量十分有限，面对复杂问题往往没有能力同时考虑多种选择。同时，有意识思维对于最重要的属性的权重不是最优化的，个体倾向于过分强调一些重要的属性而忽略了另外一部分重要的信息，这些特征使得有意识思维虽然能够基于简单规则作出决策，但在复杂和模糊的问题情境中缺乏适应性，从而降低了决策的质量。而无意识思维不受意识加工容量的限制，可以将大量信息进行整合从而成一个总体的评估判断，尽管因为其缺乏精确性而在简单问题决策中表现不出优势，但是当问题的复杂度增加时，无意识思维的灵活性和同时考虑多项信息的平行加工能力使其比有意识思维能作出更好的选择。总之，问题的复杂度、思维模式和决策质量之间的关系是无意识思维效应假说的核心。

根据上述实验结果，Dijksterhuis 进一步提出了无意识思维理论（Unconscious thought theory，UTT）［139］，认为分心任务期间个体在进行持续的无意识信息加工，正是这些无意识加工产生了比同样时间内的有意识加工更有成效的结果（在某些情况下）。这个理论的关键是无意识思维利用分心任务这段时间改变了最初形成信息印象之后的决策结果，这个假设得到了一些实验的支持。首先，无意识思维组个体作出的决策要优于立即决策组［136］，经过一段时间的无意识思维，可以提高之前已经形成的决策判断水平，表明在分心任务期间，问题表征确实得到了加工。并且，这些加工是指向目标的，无论是选择室友还是选择汽车，与那些同样呈现信息和分心任务但是不给予决策目标的单纯分心组被试相比，一开始就给予决策目标的无意识思维组的被试对问题作出了更好的决策［129］。更直接的证据来自于对无意识思维过程中问题信息表征的研究，实验发现，相对于立即决策组和有意识思维组，无意识思维组在经过分心任务后，记忆中的信息表征变得越来越极化（polarized）和整体化，表明在分心任务过程中，对问题的无意识加工确实是存在的［140］。最后，另一项实验研究证明，与那些无意识思维时间较短的被试组相比，给予更多无意识思维时间的被试组作出了更优的决策［139］。

因此，无意识思维效应是真实存在的，在注意被导向分心任务期间，个体的无意识思维的确在积极、努力并有明确目的地工作着。无意识思维是一种复杂的，需要时间的（time-consuming）和目标依赖（goal-dependent）的思维机制，而不是快速、自动化的加工过程。从这些特征上来看，无意识思维和有意识思维并没有什么两样。有意识思维和无意识思维在问题决策质量上的差别来自于与两者"能力"上的差别。无意识思维理论认为，无意识思维在复杂问题决策上的优势来自其不受意识思维加工容量限制的特性，而是一种自下而上（bottom-up）或者不带任何偏见的全局性判断思维方式，在面对需要同时考虑大量信息的问题情境时，这种思维方式的超级信息加工处理容量使之能够更加灵活地处理问题。

值得注意的是，无意识思维效应部分依赖于个体已有的知识经验，也就是说，对复杂问题已有的知识经验会帮助无意识思维作出更好的决策。Dijksterhuis等人对比专家组和非专家组两组被试分别在三种思维条件下（有意识思维，无意识思维和立即决策）预测足球比赛结果的情况，发现无意识思维专家组预测水平优于所有别的条件下个体的预测水平［141］。说明无意识思维解决问题的优越性与个体对相关领域的熟悉程度密切相关，无意识思维效应需要个体在相关领域的经验积累。这是很容易理解的，当问题信息在脱离个体注意和主观控制的情况下进"自主"加工时，这种加工仍需依赖于和这个问题相关的知识经验，无意识思维的优越性是建立在对已有知识经验的更优利用上的。许多专家可以快速准确地处理复杂的问题，对此的普遍看法是：通过学习和实践，知识变得有条理，从而个体可以马上识别问题并且采取适当的行动。Wiel 认为这里关键的中介是待解决问题的表征。在解决问题的过程中，情境的特殊信息和知识的交互作用形成了一个心理表征，例如，可能采取的行为和策略等，解决问题的水平随着这个心理表征的完整性而升高。丰富的专业知识使得专业领域的工作记忆容量增加，功能性地扩展了个人编码和表征复杂信息的能力 [138]。因此，在分心任务中有经验的个体能够更好的加工待决策的问题信息，从而作出更好的判断决策。

除了复杂问题决策，无意识的优势也表现在创造性地解决问题上。Dijksterhuis 发现，当要求被试生成一个以特定字母开头的地名时，无意识思维组虽然在生成数量上与有意识思维组没有差异，但无意识思维组生成的地名更不常见，表明无意识思维更有利于发散性和联想性的思维成果 [142]。在另一个实验中，采用 RAT（Remote Association Test，远距离联想测验）这一个创造力测验作为实验任务，发现无意识思维组在完成高难度的 RAT 任务中的表现优于有意识思维组，表明无意识思维组在发现远距离而不是局部的联系上具有优势，从而更有利于创造性思维的产生 [143]。

在这里，我们需要再次强调，Dijksterhuis 等对无意识思维定义的关键是"注意"而非"觉知"。他们认为的无意识思维概念强调的是，在分心任务中，当个体将注意投向别处时，对问题的解决在个体的注意之外发生。事实上，所有关于无意识思维的研究也从来没有明确地研究过这个过程到底是不是真的是"无意识"或者"无觉知"的，我们能确定的只是个体在分心任务中没有刻意地去解决问题，而是专心致志于当前的字谜任务或者工作记忆任务。

心智游移是可以在任务中发生的一种意识状态，此时，注意是一种"散焦"而非"聚焦"的状态，并且这种状态可以快速地在任务中穿插出现，"不请自来，来了又走"。根据自我捕捉的心智游移报告数据以及利用思维探针得到的心智游移数据之间的差异来看，尽管心智游移本身可以被意识到，是发生在觉知水平之上的活动，但如果没有及时在发生当时被探测到，那么很多时候这种体验会随任务进行或时间流逝而被个体忘却，因而难以在意识水平留下痕迹。这样的心智游移体验，伴随着散焦注意发生，但在发生当时是有意识的。

在 Dijksterhuis 团队以及其他一些研究者做的有关无意识思维效应的研究中，无意识思维组在给予问题情境及解决目标后从事一项分心任务，并且个体对分心任务后需要解决刚才给予的问题这个目标铭记于心。那么，是否有这样一种可能，即在分心任务期间，尽管个体没有专注地思考问题本身（字谜任务或工作记忆任务阻止了个体这样做），但关于这个问题情境的意识内容以心智游移的形式出现过。如果是这样，那么我们很难将心智游移和无意识思维这两者在问题决策上所起的促进作用分离开来。

我们尝试从另一种角度来解释所谓的"无意识思维效应"是如何发生的：当个体面临一项当前占据注意和工作记忆空间，但看上去又不甚重要的任务时（分心任务），他是否会在心中一直保有那个看上去更为主要和重要的任务目标（待决策的问题）呢？我们的猜想是会的，因为没有理由不这样做。在个体心中一直"惦记"着这个目标的情况下（尽管不一定是有意识的），在分心任务中启动了指向这个问题的无意识加工过程。这个无意识加工过程会和分心任务这个在线加工过程竞争进入意识空间的权力，这种竞争可能在分心任务过程中持续地进行（当然其他无意识过程也参与竞争，但是和当前问题决策相关的无意识过程激活水平更高，因而在众多无意识过程中更占优势）。因为我们的注意聚焦并不能长时间地保持稳定，在分心任务中，这一无意识过程就有可能时不时地在竞争中获胜，从而进入觉知水平，出现以待解决的问题为内容的心智游移，但由于注意受到自上而下的控制，这种心智游移是"不受欢迎的"，需要时时压制，因而个体在事后能够回想起来的可能性也就不大。在这个过程中，针对问题的无意识思维和相关的心智游移其实是一体的，心智游移是持续进行的无意识思维过程中的一部分偶尔冒上觉知水平的体现。

考虑到这一点，我们可能需要对无意识思维理论和无意识效应进行重新审视和定义。解决这一怀疑的最好办法，是在无意识思维研究范式中，加入对个体在分心任务中意识体验的考察，包括事后的详细访谈以及在线（on-line）的即时思维取样。遗憾的是，到目前为止还没有看到有人进行过类似的实证研究。

如果这一怀疑得到确证，那么随之而来的是另一个问题：这些无意识过程以心智游移的方式"闯入"意识，对解决问题是有帮助的吗？这将涉及心智游移本身对问题解决的作用。此时我们需要回答这样的问题，即以受控思维的方式思考问题，和以心智游移的方式"思考"问题、以及和以无意识思维的方式思考问题，这三种方式，究竟哪一种思维方式在哪种问题情境中最有有效？如果心智游移比受控思维更能够促进问题解决，它的机制又是什么？此时，我们就不得不面临一个难题，即把心智游移和它的发生基础或"母体"-无意识过程-分离，但这种分离似乎是做不到的，也是不必要的。这是将来此类研究中需要解决的问题。

4.2　睡眠中的认知与心智游移

即使个体在睡眠时，脑内信息的离线加工也并不停止。Christoff 认为睡眠是一个非常活跃的记忆信息巩固和创造性联想频发的阶段［124］。这一看法得到了很多实验证据的支持。

研究表明，在睡眠中，无论是快速眼动睡眠还是慢速眼动睡眠，脑都在进行积极的工作，此时的神经活动（尤其是海马区域的神经元活动）进行着积极的信息巩固。最早的证据来自对大鼠的研究 [144，145]。在大鼠的海马区有一些神经元称为"地点细胞"（place cells），因为它们只对特定的位置起反应。每次大鼠走不同的路线，都会与不同的神经元序列的活动相对应。当大鼠白天走了某些路线后，在睡眠的快速眼动和慢速眼动阶段，大鼠的这些特定的神经元序列会再次活动，就好像大鼠在睡眠中"重演"白天的事件。随后在人类个体身上也发现了同样的现象 [146，147]。被试在白天进行虚拟导航的游戏，并同时记录海马和海马旁回的活动，在晚间的慢波睡眠（深度睡眠）阶段，这些相同区域被再次激活。并且，PET 实验数据表明，慢波睡眠时海马和海马旁回区域的活动强度与被试第二天玩导航游戏的成绩正相关 [146]。与那些睡前没有进行时间序列反应任务学习的个体相比，那些进行过时间序列反应学习的个体的学习任务相关脑区在随后的快波睡眠阶段更为活跃 [147]。

起记忆巩固作用的除了海马还可能包含其他区域。已有实验发现大鼠的视皮层在睡眠中也会"重演"白天的活动 [148]。这提示睡眠过程中无意识地对信息进行巩固的大脑活动区域可能是非常广泛的。研究者认为，在睡眠对信息巩固的作用上，快速眼动睡眠和慢速眼动睡眠所支持的记忆类型可能有所不同：慢速眼动睡眠与空间信息和陈述性知识的巩固有关，而情绪性的记忆和动作技能的巩固有可能与快速眼动睡眠相关 [149]。

梦是睡眠中特殊的一种有觉知而无觉醒的意识状态 [150]，梦可以为这种睡眠阶段的离线加工进行的信息巩固提供部分主观报告的意识经验证据。研究表明，梦到睡前学习过的知识将提高醒来后对相关信息的回忆成绩，这种在梦中有意识体验的对先前活动的"回放"，和第二天的记忆成绩提高直接相关 [151]。梦的内容也不仅仅来自近期经验，同样包含相隔久远的事件 [152]。因此，睡眠中对记忆的巩固并不仅仅是机械地对过去信息的回放，而是有着更为复杂的加工机制。快速眼动睡眠和慢速眼动睡眠在信息巩固上的不同作用与它们的不同梦体验有一定的对应关系。快速眼动睡眠阶段被叫醒的个体通常有 70% —95% 报告正在做梦，而这个比例在慢速眼动睡眠中只有 5% —10% ［153］；并且，前者的梦境大多是生动的、情景式的，有着丰富的细节信息和自我意识体验，而后者通常仅仅被报告为"我在想事情"。这与 Miller 的观点"慢速眼动睡眠与陈述性知识巩固有关，而快速眼动睡眠和情绪性的记忆巩固有关"相吻合。

睡眠中发生的记忆巩固的一个重要方面，是将具有丰富情绪性色彩的情景记忆转化成低情绪色彩的语义记忆 ［124］。尤其是快速眼动睡眠阶段，将情绪、背景等细节信息分离而形成相对稳定和结构化的语义记忆，并通过激活与已有记忆信息的联系来适应性地调整它们的强度和连接，这就是对脑中已有信息进行的巩固和再巩固的过程。杏仁核在快速眼动睡眠中有着比清醒时更高的激活水平，考虑到它控制着情绪性记忆的编码和提取，并且和海马有着直接交互连接的特点 ［154］，因此可以推断情绪在梦的记忆巩固过程中发挥重要作用 ［151］。与清醒时海马参与完整的情景记忆提取的作用不同，海马受损的个体在睡眠时会发生更为频繁的情景记忆回放，这表明海马所在的颞叶内侧系统在分离情景记忆的背景和情绪的联系中起了重要作用 ［124］。梦的内容经常围绕着个人当前关心的问题或事件 ［155］，是睡眠中记忆巩固有着情绪和动机背景的另一个证据。当然，这种情绪和动机背景对清醒时发生的离线加工有着同样的作用。

快速眼动睡眠有一系列独特的生理特性，包括儿茶酚胺水平的降低以及周期性的乙酰胆碱激活，这些生理指标的变化往往和超联想意象（hyperassociative mentation）相连，即增加了非预期的联想序列以及促进了那些不常见的概念间发生联系 ［124］，而在清醒的目标导向任务中这些联系常受抑制。这样，在梦中，那些出人意料但又有潜在联系的概念或心理单元之间有可能被联系起来 ［156］，这就是为什么我们有一些梦境是很离奇的一个原因。创造性也需要这种将不常见的概念联系起来的能力。

由于没有外界刺激信息的竞争，睡眠状态更有利于记忆信息的巩固和内部调整过程的发生，同时，由于梦时特殊的意识状态，梦中发生的对过去信息的"回放"并不完整，而往往以"片段"甚至"碎片"的方式零乱地出现在梦境中 [124，157]。我们认为这正是睡眠过程中持续进行的无意识加工通过竞争偶尔进入意识空间，从而被觉知到的部分。由于缺乏执行控制监控和聚焦注意，这些意识内容很不稳定，因而在觉知水平以不连续的片段方式出现。而慢速眼动睡眠阶段梦的检出率不高，可能与片段性的陈述性信息本身不易被提取有关。这种非系统性的"零乱"的特点，和清醒时的心智游移体验非常类似，清醒静息时或任务中走神时个体同样处在外界刺激信息暂时从意识中"隐退"的状态，此时内部持续进行的无意识的信息巩固和整理过程就会以心智游移的方式零散地出现在觉知体验中，成为心智游移。

因此，睡眠时的梦体验和清醒时的心智游移体验有着非常相似的发生背景和体验特性，具体表现在以下方面：

第一，两者都发生在一个外投聚焦注意暂时收回、外源性刺激的竞争减弱的散焦注意状态，从而与外源性刺激相关的感觉皮层的活动减弱，促进了对记忆巩固起重要作用的皮层－海马的信息交互；

第二，两者的内容和形式相似，都以过去经验、记忆的回放以及以松散连接为特点的远距离联想为主要内容，梦中由于更缺乏意识监控从而内容会更为离奇；

第三，两者可能有着相似的功能，都能对任务中行为的表现起到可观察到的促进作用。这一点得到了越来越多的证据支持。近来已经在大鼠身上发现了清醒时存在类似于睡眠状态下的近期经验相关的神经活动回放 [158]，用单细胞记录的方法发现大鼠在学习后的清醒时间内发生的神经活动回放具有"倒序"的特点。即，如果学习的路线是通过点 A 经过 B 最后到达有强化物的终点 C，那么在接下来的清醒期神经元的发放顺序会变成 C - B - A。这个发现可以从对目标物 C 的动机角度进行新的解释，即，通过这样一种先使与目标较为接近的经验相关的神经元活跃的方式，来达到一个依据动机效价（motivation value）递减的梯度配置，从而有利于增加与奖赏有关的信息的可用性，当目标和当前状态远离时，这样的安排将更有利于指引行为。这样，除了记忆巩固，静息时发生的对先前事件的"回放"外，还有促进动机学习的作用 [158]。对人类被试的研究也发现，当学习结束后个体从事一个不相关的空间记忆或程序性记忆任务时，自发脑活动发生了和学习相关的变化 [124，159]，这和之前发现的慢速眼动睡眠阶段和快速眼动睡眠阶段发生的与睡前进行的学习高度相关的神经活动增强非常的类似 [147，160]。2007 年的一项行为实验表明，在学习了前提假设后经历 12 小时清醒时间的被试（在此期间个体不刻意地思索这些前提假设，只是如常生活），比那些只经历 20 分钟的清醒时间的被试，在随后进行的递归推理任务中表现更好，效果与经历 12 小时睡眠的被试组类似（尽管睡眠组的成绩更为出色），表明清醒状态下的离线加工促进了关联记忆的巩固 [161]。学习后一定长度的清醒期对随后记忆的促进，与经历同等时间睡眠的结果类似，提示这种离线加工过程很可能在清醒时就已经发生，并在睡眠中得到持续 [162]。虽然目前仍然没有直接的证据表明心智游移本身促进了问题解决或信息的巩固①，但我们认为，这种清醒时进行的持续不断的记忆巩固，会以心智游移的形式表现出来。

因此，无论个体是否觉醒，脑都在自发地进行对内部信息的加工，这些加工担负着对过去信息进行自发的整理、巩固的作用，这些加工在睡眠时以梦的形式被个体意识到，在清醒时以心智游移的形式被个体意识到，这些离线加工会促进觉醒时相应的"在线"加工过程。这同

---

① 在本书第一作者尚未发表的一项工作中，发现了心智游移对顿悟与问题解决有着直接的促进作用。

时带来另一个问题：在意识水平之上体验到这些离线加工的部分内容，也就是梦和心智游移的体验，仅仅是这个持续的无意识加工的一个副现象，还是本身有着特别的作用，这是未来需要解决的一个问题。

4.3 心智游移与扩展的思维概念

传统的思维心理学研究表现出以功能为导向的特点。对于思维，经典的研究着重讨论有目标导向的、受控的思维过程；概念形成、逻辑推理、决策、问题解决，以及创造性和智力等都被放在思维的范畴内。传统的思维概念中，没有包含心智游移这种心理状态，尽管心智游移的现象早在 300 年前就曾受到关注。随着认识的发展，西方心理学家已将心智游移作为思维形式的一种，称之为 spontaneous thought（自发思维），但是我国有些心理学家却不认为心智游移是一种思维形式，这与他们对思维的定义受前苏联对思维的看法影响有关，强调思维是对客观事物间接的、概括的反映，反映的是事物的本质属性和事物之间规律性的联系。

英国哲学家托马斯·霍布斯曾提出，思维应该包括两种形式，第一种是连续的、有目的的，第二种是不受引导、无目的、断断续续的。后来心理学家把为达到一定的目的而进行的思维称为"有向性思维"，而把没有目的的思维称作"无向性思维"。并将无向性思维与无意想像等同起来 [163]。这是根据思维是否有目标引导而进行的分类，这样的分类有助于人们全面地看待人类心智系统中的思维现象。如果只把那些有明确的目标引导和认知监控的问题解决的内部过程称之为思维，那么那些顿悟、灵光一现和说不清由来的突发奇想在问题解决中的作用就必然会受到忽视，这些现象所代表的内部过程也就得不到应有的研究地位。遗憾的是，在行为主义占据统治地位后，无向性思维的研究被排除在传统思维研究之外，因为和无向性思维相比，有向性思维在技术上更容易进行严格受控的实验室研究，并且当时人们认为只有有向性思维才有解决问题的功能，倾向于将个体看成是高度理性和外部刺激驱动的。所谓的不知由来的内部过程，一概被扔进"黑箱子"而不予理会。尽管今天行为主义一统天下的局面已经得到了极大的改观，但传统的思维研究还是对那些有着明确目标导向、直接指向问题解决的思维过程给予极大的热情，而对心智游移这种看似自发的、没有明确目标的并且有时会对当前作业产生干扰的内部过程，没有给予足够的重视。

我们认为思维形式是具有多样性的，将心智游移作为一种思维形式是合适的，因为它符合思维的主要特征。我们赞同心理学家 Bourne 等人对思维的定义，认为思维是一个复杂的、多侧面的过程，且主要是一个内在的过程；它是运用不直接存在的事件或符号表征进行的，可以产生和控制外显行为 [164]。Solso 则认为思维是一个通过决策、概括、推理、想像以及问题解决等心理过程的复杂交互而发生信息转换，从而产生新的心理表征的过程 [165]。

根据 Bourne 和 Solso 对思维的定义，思维的特征主要有以下几个方面：

（1）思维是一个内部过程。尽管思维常常引起行为的改变，还可以从行为变化来推断思维过程，但思维本质上仍然是发生在精神世界中的过程，并不以任何客观的表达形式作为必要条件。

（2）思维的操作对象是不直接对应于即时外界环境中刺激的心理表征。这个特性与思维的内在性紧密相连。思维操作的内部心理表征可以是语言、表象、概念等。

（3）思维是一个复杂的过程。无论从思维的载体还是思维的过程来看，思维都是一个多途径的内部认知过程。思维的表征形式多种多样，包含了多种心理过程之间复杂的信息转换。

如果我们对照上述三个思维的特征，不难发现把心智游移视为一种思维形式的合理性。第一，心智游移当然是一个内部过程，本质上是发生在精神世界中的过程，与即时环境刺激没有直接联系，符合上述第一个特性；第二，心智游移的加工对象是不直接对应于当前任务和客观环境刺激的内部心理表征，可以是语言、表象、概念、情景等，符合上述第二个特性；第三，心智游移是一个复杂的过程，包含多种认知成分和表征形式以及多种心理过程的复杂信息转换，符合上述第三个特性。

我们对心智游移的观点与 Christoff 的观点有类似之处。Christoff 认为心智游移是自发思维的最典型形式，它具有散焦注意（defocused attention，指一种非聚焦的注意状态，个体此时可能对内外环境同时给予一种广而浅的注意）和较少认知控制的特点，此时来自于内部和外部的信息以一种较少意识控制的方式被同时收集和评估，因为外部刺激信息的竞争力量减弱，长时记忆信息中的某些部分源源不断地进入意识水平 [124]。心智游移频率随认知需求降低而增多的事实表明心智游移和弱认知控制之间的联系，静息时颞叶内侧脑区的活跃证明了这个过程中来自长时记忆中的信息被不断地利用。而目标导向性思维则具有聚焦注意和强认知控制的特点，此时内部长时记忆信息在高度认知控制的背景下被有序地提取，因而不会出现心智游移状态下长时记忆信息自发地大量涌现的情况。Christoff 提出，如果我们将心智游移和目标导向思维放到一个由散焦/聚焦注意和弱/强认知控制定义的思维连续体上，那么心智游移占据着散焦注意和弱认知控制的一段，而目标导向思维位于聚焦注意和强认知控制的另一端，同时长时记忆对两者的贡献方式也有所不同。

另一种特殊的思维方式—创造性思维，也可以放到这个思维连续体上。它同时具有散焦注意和中等程度的认知控制特点。

创造性思维有几个不同的成分。首先，一个新异点子产生和通达远距离语义联系的发生阶段，这个阶段需要散焦注意和弱认知控制，这一观点得到了来自脑电和神经生化实验的支持，研究发现增强的 α 波和降低的儿茶酚胺水平与更好的创造性思维表现有关，而 α 波降低和儿茶酚胺的增加均有助于认知控制 [166]。这样，相对较弱的认知控制和散焦注意均有助于个体从目标导向思维模式向一个联结更为松散和富有创造性的模式转换。从而，这个散焦注意可能是促进创造性思维产生的关键因素。其次，创造性思维并不是毫无方向性，而是需要一定的目标引导，在某些类型的创造性任务中（如说出火柴棒的新异用途），个体需要时时评估点子的新异程度，因此还需要一个评估的成分，这个成分更需要外侧前额叶涉及的认知控制成分参与 [167]。这就是创造性思维的独特之处，它同时需要散焦注意、认知控制以及记忆的贡献。因而，创造性思维处在由散焦注意、认知控制和记忆贡献定义的轴线的中间。

心智游移和创造性思维的联系表现在两个方面。首先，两者的脑活动模式类似。创造性思维和心智游移对脑默认网络（default net-work）和记忆网络的利用有相似之处①。实验发现顿悟发生时，多个默认网络内脑区被激活，包括颞叶内侧区域和前额叶内侧以及扣带回后部 [168]。还有实验发现顿悟发生前以及个体产生创造性思维时，部分默认网络脑区的激活 [169，170]，这些创造性思维可能得益于更宽松的注意控制，而正是这个过程与默认网络相关，默认网络在心智游移最多的静息态下的活跃很可能也与这个过程有关。而颞叶区域的参与有利于联想的产生以及在此基础之上的语义整合，从而创造性思维也依赖来自于长时记忆的联想 [124]。其次，一些行为实验提示与心智游移有关的状态能够对创造性思维起促进作用。研究发现一段时间对问题的非聚焦注意将有助于创造性地解决问题：相比于在问题呈现后对问题苦思冥想的个体，经历了同样时间的分心任务后的个体在创造性思维任务中产生出更新颖的点子 [142]；顿悟往往发生在一段时间的离线加工之后（但是都有先前储备的"在线"加工作为基础），比如著名的"啊哈"现象：个体对某个问题苦思冥想不得其解，只能

---

① 关于默认网络的阐述见第六章。

将问题抛之脑后，而不知什么时候解决办法就自动涌现出来；此外，很多极富创造性的艺术家和科学家也都将自己的成就归功于自己的白日梦［124］，而 Singer 早在 1961 年就发现了个体在白日梦频率和创造性测量中的正相关［18］。

基于上述三种心理现象的区别和联系，我们可以将心智游移、创造性思维和目标导向思维放到一个由注意、认知控制和长时记忆贡献共同定义的思维连续体上［124］。心智游移具有散焦注意和弱认知控制以及完全长时记忆信息参与的特点，目标导向思维具有聚焦注意、强认知控制和有限长时记忆信息参与的特点，处于两者中点的创造性思维，则具有一定程度的散焦注意和较弱认知控制以及相当程度的长时记忆信息参与的特点。

在 Christoff 的定义中，将心智游移作为自发思维的主要形式，同时将无意识思维也归入自发思维的范畴。就像我们在第二章中看到的那样，心智游移并不是一个绝对"自发"的过程，因为它可以由内在或外在的诱因诱发，因此我们更愿意使用不受控或非自主这样的限定词。我们在 Christoff 的基础上将传统的思维观点加以扩展，根据是否有明确目标、过程是否可控，将思维分成受控思维与非受控思维。受控思维指的是那些有明确的外显目标、过程由个体主动控制的思维过程，问题解决、推理、判断、有意想像等，都属于受控思维的范畴。受控思维过程中，个体对思维过程的目标很清晰，思维过程的发起和终止，都是在明确的目标指导下进行。创造性思维由于其目标明确性和一定程度的认知控制，也归入受控思维的范畴。非受控思维指的是没有明确目标，自发出现，过程不受控制的内部心理表征的操作过程。心智游移是非受控思维的重要成分。如果将无意识思维也纳入这个体系，那么无意识思维无疑属于非受控思维。

考虑到睡眠中的认知和心智游移的联系，我们可以在更广泛的睡眠—清醒连续体上来看待认知活动。睡眠状态下认知控制和聚焦注意水平进一步降低，从而心智游移只是处在清醒时的目标导向思维和无认知控制的睡眠状态的中点。此时心智游移在这个连续体上的位置，即处在目标导向思维和睡眠认知的中间，表明心智游移很有可能兼有与目标导向思维和睡眠意象（sleep-related mentation）相似的功能和机制［124］。这样的视角有助于我们深入理解心智游移的功能，即，人类个体为什么具有时不时的心智游移的倾向①。

我们认为，心智游移是持续进行的无意识加工进入意识水平的表现。这些持续进行的无意识加工，担负着记忆巩固、问题解决、内隐学习等重要的作用，这是一个庞大而有序的自组织系统。因为无意识竞争进入意识的机制，这些过程总会在某些注意散焦或认知控制减弱的时刻获得进入意识水平的机会，在睡眠时成为梦的体验，在清醒时则成为心智游移的体验。包括睡眠中的认知在内的非受控思维帮助我们在每天孤立的、一开始并无联系的事件之上建立一个连贯、有意义的结构，从而使得我们的经验保持连续完整，并且在心理上持续地（虽然是有间断的）通过经验内部世界来体验自我，从而维持连续的自我感。清醒时的心智游移允许这个整合过程在一个更有意识的水平上完成——因为此时非受控思维可以和那些有意进行的目标导向思维发生交互作用，从而产生更为广泛的影响（见第七章，"意识的全局工作空间理论"）。在意识水平体验到这些过程而不是仅仅让其停留在无意识水平还可以提醒个体未完成的事件、预演将来的情景，从而在意识水平帮助个体更好地应对当前或将来的局面。

心智游移还能帮助我们达到一些更有创造力、更不可预计的结论，这可以扩展我们思考问题的角度。由于非受控思维发挥有益作用总是发生在一段时间的目标导向思维之前或者之后，研究者们推测，也许正是两种思维模式在时间上的交替产生了有益的结果［124］。就好像顿悟一样，往往是对问题的理解越深入（对长时记忆中相关信息

---

① 我们并不知道其他高等动物是否也具有这样的倾向，比如，猴子、猩猩或猫，是否会心智游移，这是一个有趣但暂时无法研究的问题。

组织得越好），产生的点子就越新颖和有创造性。至于这种交替的本质和机制，以及交替时两种模式的最佳时间比例，还有待研究。

　　有些人在讨论心智游移时，过多得强调心智游移对目标导向思维的干扰和损害。正是在这样的背景下，我们特别需要对它可能带来的好处及对个体生存具有的重要意义铭记于心。总有一天研究者们会证明，这占据人类清醒时三分之一时间的非目标导向的、散焦的意识状态，对剩下的三分之二的目标导向的、聚焦的意识状态的重要意义。将心智游移作为一种思维形式，无论对于思维研究本身还是对意识研究乃至人类个体心智整体和脑功能的理解，都不无裨益。

第五章　情绪与心智游移

前面提到，心智游移体验中占主导地位的是情景性表征，我们将之看做在任意一个时空位置上重新体验自我的过程，这种心理时间旅行的过程使得我们的心智游移体验往往具有情绪色彩。我们很容易理解下面的现象，比如，当无意间想起将要到来的面试，想像自己坐在面试官面前，你也许会深切体会到紧张，甚至觉得肢体僵硬，手心开始微微出汗；或者，想起昨晚的约会，仍然觉得脸红心跳；想起几个月前上司对自己的蛮横无理，愤怒和委屈的感觉仍挥之不去……心智游移就是这样带着我们体验过去、预演将来，让我们维持一个内在的情绪自我。

因此，心智游移中情景性内容的优势性地位以及与个体自我和当前关注的密切关系决定了心智游移体验必定具有情绪特征，客观的证据来自心智游移时伴随的情绪性生理指标的改变，比如心率和皮肤电的变化［15］。既然大多数情况下心智游移是一种情绪性的个人体验，它与个体情绪健康的关系自然而然地受到了关注。研究者们注意到了部分情绪障碍患者，比如抑郁症和焦虑症病人，有侵入性的心智游移过频现象，由此开展了一系列针对情绪影响心智游移频率的研究，其中既包括病理性情绪，也包括常态情绪，最受关注的是消极而不是积极情绪；另一方面，情绪对心智游移的影响并不可能仅仅表现在促使更多或更少的心智游移发生，也有可能影响到心智游移的其他特征，比如内容、时间指向等。显然，分析在何种情绪状态下个体更容易自发想起什么样的事件，比仅仅分析这种情绪状态下心智游移频率的改变更有意义；还有一部分研究者从相反的角度看待两者的关系，他们认为不仅个体的情绪状态会改变心智游移的频率以及其他特征，心智游移本身也会影响个体的情绪；最后，基于情绪和心智游移之间的密切联系，临床心理学研究者还开发出一种有效的治疗抑郁的方法MBCT（mindfulness-based cognitive therapy）。

下面我们将分别从以上几个方面阐述情绪与心智游移的密切联系。

5.1　情绪一致性效应

首先我们要分清两个概念，即个体情绪和心智游移内容情绪，它们不是一回事。心智游移并不是一个时时刻刻必然发生的意识现象，其内容经常具有一定的情绪色彩，这个情绪色彩是个体在发生心智游移时因心智游移的内容而体验到的；但在发生心智游移之前以及之后，个体都处在一种情绪状态下，我们称之为心境。这个心境和心智游移内容的情绪色彩，是两个相对独立的概念。我们可以在心情愉悦的时刻想起一段令人悲伤的过往，或者在情绪低落的时刻想起让人振奋的未来，尽管这并不经常发生。

总体而言，心智游移内容的情绪色彩和个体的心境具有一致性，直接的证据来自非自主自传体记忆（Involuntary Autobiographical Memory）研究，Berntsen 发现想起积极的个人过去事件往往伴随着个体当时的积极情绪，研究者们将之称为情绪一致性效应（Mood-Congruent Retrieval）[12]。最近的研究提示这种现象的机制在于情绪影响了注意的选择，那些与当前情绪一致的信息更容易通过注意过滤器而受到注意，比如在一个非注意盲（inattentional blindness）范式的实验中，只有被诱发悲伤情绪的个体才能注意到预期之外的一个愁眉苦脸的人脸刺

激 [171]。处在消极情绪状态下的个体更容易想起消极的过去经历 [172],研究者认为这种消极或积极的记忆提取强化了个体当前的情绪。对于抑郁症患者来说,他们更容易想起消极而不是积极的过去经历,这使得他们维持抑郁状态 [173]。我们的经验取样研究再次证实了这种情绪一致性效应,在情绪的正负性、紧张度和激动度三个维度上,情景性心智游移内容的情绪色彩与心智游移时的个体情绪状态都呈显著正相关 [31]。

在这里需要注意的是,上述研究发现的都是相关性。也就是说,从上述研究结果中,我们并不能确定是个体的心境导致了情绪一致的自发内部体验,还是自发的内部体验使得个体一直保持在一致的心境中。但过分追究这个问题的答案并没有太大的意义,因为这应该是一个一旦开始就循环滚动的过程:一定的情绪引起了个体伴随一定情绪色彩的心智游移,而这种心智游移又反过来促使个体继续维持这种情绪,这种联系在某种程度上能够使得个体的情绪与体验保持一致,防止情绪产生过大的波动;另一方面,如果个体意识到那些自发产生的内部心理体验在维持情绪上可能起的作用,对自己的心智游移进行有意识的控制,终止心智游移 - 心境之间的循环,比如当情绪低落时有意识地想一些能让自己快乐的事情,从而心智游移就可以在情绪管理和调节上发挥作用。我们在本章第四部分中还将进一步阐述心智游移可能具有的调节情绪的作用。

5.2　情绪波动能增加心智游移吗?

当我们情绪低落时,是否有不能集中注意在工作上而老是胡思乱想的体验?在抑郁症患者身上,这种体验经常表现为重复性的侵入性思维 (repetitive intrusive thought) [174]。在情绪和心智游移的关系问题上,消极情绪,尤其是焦虑和抑郁,引起更为频繁的心智游移是最先被关注到的现象。早期研究发现，与对照组相比，抑郁症患者在阅读任务中报告了更高频率的心智游移［49］，而诱发的负性情绪也会增加个体记忆任务中心智游移的频率［175］。

处在抑郁或焦虑状态下的个体常常表现出和心智游移状态相类似的特征，比如注意力经常不由自主地离开此时此地，工作记忆和执行控制过程都被一些个人当前关心或比较重要的信息占据［20］。已经有一系列的实验室实验支持焦虑（dysphoria）情绪和心智游移频率之间的正相关关系：无论采用词语学习任务［176，177］，SART 任务［15］还是残词补全测验［21］，与对照组相比，焦虑的个体都出现了更为频繁的心智游移。Smallwood 一项更为细致的实验研究对比了有焦虑情绪的正常个体（高焦虑组）和控制组在语词学习以及随后的词干补笔测验中的表现，发现在语词学习阶段，高焦虑组出现了更为频繁的心智游移，他们因心智游移而使当前认知偏离当前任务的程度更深（表现为更慢的反应速度），并伴有更强的情绪唤起（心率更快）。而控制组的心智游移对行为的影响表现在较差的提取成绩上，心智游移情绪的生理唤起表现也与高焦虑组有所不同，他们在发生心智游移时伴随皮肤传导性升高。这项研究提示了将心智游移作为一项反映焦虑或抑郁情绪指标的可能［20］，即除了直接的情绪自评，还可以通过个体心智游移的频率来反映其情绪障碍。

诱发的消极情绪状态和更为频繁的心智游移间的关系得到了近期一项研究的证实。Smallwood 等人发现，与诱发积极情绪组相比，被诱发消极情绪的个体，在 SART 任务中出现更多的失误并且主观报告了更高频率的 TUT，但诱发消极情绪组与中性情绪组相比，没有差异［178］。作者认为这是因为负性情绪会增加个体对内部自我相关信息的关注，表现为 TUT 增多，并且由此减少了分配给当前任务的注意资源，表现为 SART 中错误率上升［178］。但诱发情绪与注意资源占用情况之间的关系并不十分稳定，不仅受到情绪效价（正负性）的影响，还会受到唤醒水平［179］以及任务结构化程度［180］的调节。在实际操作中，诱发情绪的效果往往难以持久 [181—183],这使得诱发情绪和心智游移关系的实验结果解释受到许多干扰。

总体而言,多数研究支持负性情绪状态下心智游移增多这一结论,尤其是在负性情绪作为一种稳定的个体特质而非暂时个人状态的情况下更是如此。对于这一现象,可以从以下几个不同的角度进行解释。

5.2.1 注意配置假说

注意配置假说(Attentional Commitment Hypothesis)由 Smallwood 提出并发展出来 [5,178,184],认为心智游移需要消耗有限的注意资源并占用工作记忆容量。高涨或低落的情绪可以改变个体分配给任务的注意资源。研究表明,与集中注意状态相比,当个体听音乐或者处在一种较为放松的沉思状态时,注意瞬脱①(attentional blink)减少,说明实验组个体分配给第一个刺激的注意资源比控制组少。Jefferies 等人的研究也显示负性情绪组(悲伤)的注意瞬脱现象少于正性情绪组 [179],提示负性情绪会减少个体分配给当前任务的注意资源。在 SART 实验中,这种影响体现为对 nogo 的错误反应增加 [178],同时心智游移报告也增多。根据注意配置假说,负性情绪组个体因为注意资源配置能力受损,从而不能像控制组那样将注意力集中在任务上,因而出现更多心智游移。

5.2.2 执行失败理论

执行失败理论(Executive Failure Theory)是由 McVay 和 Kane 提

_____

① 当第二个刺激和第一个刺激在时间间隔上很短时,个体将不能探测到第二个刺激的出现。

出［185］，认为执行控制（executive control）成分包括对目标任务的维持和对干扰（如 TUT）的抑制。心智游移是对受环境中线索或想法诱发自动产生的意识体验抑制失败的产物，并不需要占用注意资源。根据这个理论，负性情绪状态表现出高频率的心智游移，是来源于负性情绪状态下执行控制机制的变化，从而导致对内部自动产生的意识体验抑制失败。

5.2.3　当前关注理论和人格交互理论

当前关注理论（Current Concern Theory）是由 Klinger［186］提出，认为大脑中这些没有目的、不受控制、自动发生的想法不是混乱且毫无意义的，而是有一定的内隐目标，与个体自身密切相关，是个体当下持续关注的信息。这些目标来源于目标状态与现实状态的差异，这些差异要么被解决，要么被放弃，否则它们将持续存在，并且被环境中的线索或其他想法诱发。而个体的负性情绪提高了个体对相关的内源性信息（也就是那些个体当前关注的信息）的关注［177］，从而表现为高频率的心智游移。这个观点与人格系统交互理论（Personality Systems Interaction theory，简称 PSI）在解释负性情绪和心智游移的关系上有相似之处。根据人格系统交互理论，负性情感是有害的、令人厌恶的，需要通过自我肯定（self-affirmation）过程来减少。在负性情绪状态下，个体不仅倾向于将注意资源从当前任务中"撤回"（withdraw），并且倾向于关注自我相关信息来完成自我肯定，从而改善他们的情绪。根据这两个理论，SART 任务中频繁的自我关注（表现为 TUT）更可能出现在负性情绪个体身上，因为他们有更高程度的自我关注。而高抑郁患者的 TUT 口头报告也表明了这些想法与个人相关（personal salience）信息加工的关系［177］。

相对负性情绪，积极情绪对心智游移频率的影响少有研究，尽管早期研究表明诱发的正性情绪同样会增加个体记忆任务中的心智游移

频率 [175]。这与积极和消极情绪都会改变个体愿意分配给任务的注意资源的结论一致 [187]。Smallwood 等人也认为积极的状态（例如爱）能在允许无关想法发生的任务情境中促进心智游移 [178]。但在他的实验中，诱发的积极情绪与负性情绪和中性情绪相比，心智游移频率的改变仍然是不十分显著的 [178]。此外，由于情绪障碍多与负性情绪而不是正性情绪有关，因此也就缺少更为确定的正性情绪和心智游移频率之间联系的证据。总体而言，根据目前有限的实验证据，还不足以判断积极情绪是否真的会增加心智游移几率，未来需要在更有效的情绪诱发技术保证下进一步探索两者关系。

5.3 情绪能改变心智游移的特征吗?

情绪改变的不仅仅是心智游移的频率，更重要的影响应该体现在心智游移的其他特征上。也就是说，波动的情绪也许会让个体更容易心智游移，但更重要的是它有可能改变个体在心智游移时想到的具体内容，以及在心智游移时的其他伴随体验。第一部分谈到的情绪一致性效应就是一个例证，虽然可能存在两种交织在一起的情况，即有可能是特定情绪引起了特定情绪色彩的心智游移，也可能是特定情绪色彩的心智游移又反过来强化了这种情绪。

除了与心智游移内容的情绪色彩的联系，为数不多的几项研究发现情绪健康和心智游移内容的其他特征也存在联系。

5.3.1 情绪与心智游移的表征形式

Heavey 等人用 DES（Descriptive Experience Sampling）法对个体日常生活中的内部经验进行现象学研究，区分出内部言语、内部视觉表象、非符号性思维、情绪以及感官意识等不同内容的内部经验 [29]。

尽管 Heavey 的研究并不专门针对心智游移，但心智游移作为日常生活内部经验中的重要成员，其内容构成同样可以从对内部经验的研究中获得启示。Heavey 发现内部经验的内容存在一定的个体差异，高频率的内部言语表征与个体低水平的心理障碍水平密切相关。这与我们课题组所做的一项大样本的经验取样研究结论相符，我们对于一般人群的日常意识体验进行随机取样，发现个体的抑郁情绪得分与心智游移中内部言语形式的比例负相关，也就是说个体越抑郁，心智游移时以内部言语为表征形式的频率越低 [188]。

5.3.2　情绪与心智游移内容的自我相关性

根据当前关注理论和人格交互理论，负性情绪会增加个体对内源性自我相关信息的关注，这会增加心智游移的频率，同时，也会增加心智游移内容的自我相关性。在我们的研究样本中，个体的特质焦虑①得分越高，情景性心智游移与自我的相关性越高，尽管总体上心智游移就是自我相关的，但焦虑等负性情绪会强化这一特征 [188]。焦虑作为一种人格特质，不仅表现在情绪体验上，也可以表现在个体的心智游移体验上。Higgins 的自我差异理论（self-discrepancy theory）认为实际自我与理想自我之间的不一致，即自我差异，会导致个体对于自身产生否定性的评价，进而产生焦虑情绪 [189]。而心智游移的发生同样与理想和现实之间的差异有关。Klinger 认为心智游移是一个存在内隐目标的意识体验，这个内隐目标与现实和目标之间的差异相联系 [186]。这就可以从理论上解释为什么负性情绪会导致更多的心智游移，并且会导致更多的自我相关的心智游移。根据我们的研究结果，焦虑情绪不仅提高了心智游移的频率，而且人格特质中的焦虑倾向与

---

① 焦虑可以分为特质焦虑和状态焦虑。前者是一种人格特质，后者是一种暂时的情绪状态。

情景性心智游移中与自我相关的部分表现出更为密切的联系。这提示了心智游移在缩小理想和现实之间的差异以及情绪调控上可能具有的功能，比如减少焦虑症患者或者抑郁症患者对于自我的关注程度，引导其调整理想自我和现实自我的差距，或者借助特定的心智游移，来缓解其负性情绪体验，帮助其建立更加完整健康的自我结构，这些可以成为临床干预负性情绪障碍提供新的思路。目前相关的理论和应用研究都很缺乏，值得进一步持久深入的研究。

5.3.3 情绪与心智游移时间指向

心智游移体验中占据主导地位的情景性表征具有时间指向特征，包括指向将来、过去或者是现在，当然也可以没有时间指向。其中绝大多数情景性心智游移会指向过去或将来的某个时间 [31]，其中又以将来时间指向为主。我们和 Smallwood 的研究都证明了将来时间指向在心智游移体验中的优势地位 [31，50]。也就是说，当我们心智游移时，将自我投射到未来的某个场景中是一种极其普遍的体验 [190]，这与 Bar 等人提出的"预测的脑"的观点相符，即预测将来发生的事情是脑的一个非常重要的（甚至是主要的）功能，我们通过在脑中"预演"还未发生的事情，来更好地应对将来 [191—193]。这个机能是心理健康的一个表现，缺乏对将来的展望而过分沉溺于过去是抑郁和创伤后应激障碍（PTSD）的一个典型症状 [194]，并且与增加的自杀的危险有关 [195]。Smallwood 在实验中发现将来指向的心智游移比过去指向的心智游移消耗更多的注意资源 [50]，因而情绪障碍人群的心智游移体验中缺乏对将来的展望这一结果与负性情绪影响注意资源配置的结果是一致的。最近一项研究证实了负性情绪状态对心智游移中时间指向比例的影响，个体在经诱导产生消极情绪后指向过去的心智游移比例显著上升 [196]。我们的经验取样研究结果进一步解释了为什么将来时间指向的心智游移与情绪健康有关。在一般人群中，指向将来的比指向现在的心智游移经验样本在内容情绪色彩上更为积极 [31]。鉴于十分有限的实证研究数据,心智游移的时间指向与情绪健康的关系还需要深入探索,但已有证据提示了治疗负性情绪障碍的一个可能途径,即通过改变、训练患者心智游移的时间指向来间接改善其情绪体验。

5.4　情绪与心智游移的元意识

心智游移经常在个体对这种状态没有觉知的情况下发生,无论是在实验室任务中还是在日常生活中都是如此 [6,31,197],我们称之为没有元意识的心智游移 (mind-wandering without meta-awareness)。Smallwood 认为当前关注的情绪特征有可能是影响心智游移是否具有元意识的重要因素。研究发现与个体当前关注有关的刺激容易诱发心智游移 [14,15,186],那些对个体来说非常重要的内部信息会不顾当前任务的需要自动地占据个体的意识。因为情绪性的信息会吸引个体的注意 [180],如果心智游移时的信息加工是指向个人信息解决的,那么这种信息的情绪特点就有可能决定个体的心智游移体验是否具有元意识 [5]。目前仅有两项研究提示了情绪在心智游移元意识中的作用。在我们的经验取样研究中,个体心智游移时的情绪激动度对是否意识到心智游移具有显著的预测效应,个体心智游移时的情绪越激动,就越有可能意识到自己的心智游移状态 [31]。Smallwood 发现诱发负性情绪的被试在 SART 任务中出现更多的错误,并且在错误后不能马上将注意资源重新分配到当前任务中,而诱发积极情绪的被试在任务错误后能够更快更好地调整自己的行为。上述结果表明负性情绪阻碍了个体对心智游移的元意识,那些处于负性情绪状态的个体不仅出现了更多的心智游移,在因心智游移而犯错后,他们也更难调整自己的注意状态以便很快地重新投入到当前任务中 [178]。为了更为清晰地理顺情绪对心智游移元意识的影响，观察负性情绪障碍群体和对照群体在诱导消极和积极情绪后对心智游移元意识的改变是一个可行的方法 [5]。

5.5　心智游移对情绪的影响以及对情绪障碍治疗的启迪

对于情绪和心智游移这两个交织在一起的过程的研究，从另一面，即心智游移对情绪的影响的角度进行考察是必不可少的。我们必须看到这个完整过程的两面性：情绪会决定我们不由自主地想些什么东西，而我们的所思所想当然也会影响我们的情绪。这是一个很容易理解的推论，尽管支持这个推论的研究并不很多。

Freud 认为白日梦在某种程度上会减少驱力，高兴的个体一般不会做白日梦，只有不满足或遭受挫折的个体才会这么做 [198]。Singer 等人在 1981 年报告了 Paton 的一个研究，在被实验者冒犯后，给其中一组被试呈现中性的或攻击性的图片，并要求这组被试用这些图片进行主动的白日梦（幻想，fantasy），另外一组则不给予白日梦任务。结果给予机会进行白日梦活动的被试比没有机会进行白日梦的被试的愤怒水平低，表明白日梦具有（舒缓或降低）愤怒情绪的作用。但 Singer 同时报告了一个相反的研究，通过给予被试一个情境诱发焦虑和压力，发现给予白日梦机会的被试比给予外在干扰任务的被试报告了更高程度的焦虑 [199]。这两个似是而非的早期研究似乎说明心智游移对情绪的影响具有双向性，可能依赖于一定的情境。

尽管负性情绪往往和更多的心智游移，尤其是重复性的侵入性思维（intrusive thought）有关 [174]，但心智游移本身并不具有产生抑郁的性质（depressogenic）。研究表明频繁的积极的自发思维同样可以增加积极的情绪 [200]。很多数学家、专家棋手以及其他专家问题解决者花很多时间进行重复性思维，其结果却是高功能指向的 [201]。在"对悲伤的穷思竭虑"（rumination on sadness）问题上，与那些总是重复地进行对解决问题毫无帮助的重复性心智游移（比如反复回顾悲伤经历）的个体相比，那些进行指向问题解决的心智游移往往有利于问题解决 [202]。因此，在心智游移和情绪的关系上，是心智游移的内容而不是频率导致了积极或消极的情绪结果。最新发表在 Science 上的研究部分支持这一假设，Killingsworth 等人在超大样本的经验取样研究中通过时间间隔分析表明，个体上一时刻的负性心智游移内容，可以预测下一时刻个体的负性情绪，但心智游移时想到快乐的主题，并不会使个体的情绪发生显著的正向变化。更重要的是，此时的心智游移并不受上一时刻个体情绪的影响，即心智游移会导致个体的消极情绪，而不是消极情绪导致了心智游移。并且，和个体正在从事的活动相比，个体当前的心智游移内容更能影响个体的情绪，也就是说，是个体当前在想什么而不是干什么决定了个体快乐与否 [203]。这个结论不支持前面所述消极情绪导致更频繁的心智游移的推论，部分原因可能来自于其样本大部分来自常态情绪背景而不是极端情绪。

这个领域的研究可以促进对情绪障碍的临床治疗技术的发展。研究发现抑郁症患者、PTSD 患者以及有自杀意愿者在认知与自发产生的内源性想法上具有共同的特征，比如自传体记忆过度概括化（overgenerality），倾向于回忆类别化或重复性的事件，在提取特定时间内的具体事件以及具体性的前瞻性记忆的能力上存在缺陷 [204]；患者关于自我的重复性思维（Repetitive Thought）往往是非建设性的，倾向于提取更多消极的自传体记忆，在过去的错误和事件中停留较长时间，从而使得个体负性情绪进一步恶化 [173，174]；并且患者倾向于采用自我规范策略去压制心智游移，这种尝试控制认知的行为反而会进一步使负性心智游移增多从而进一步加重抑郁 [205]。

传统治疗抑郁的方法是由 Beck 提出的苏格拉底式的问话（socratic method）[206]，这个方法成功的前提是必须能够收集到关于真实世界的可靠信息。而关于心智游移和焦虑、抑郁等负性情绪之间关系的研究表明，低落的心境和个体脱离此时此地而过分沉浸于内部世界（尤其是过去的世界）有关。因此，帮助个体脱离过于频繁的对过去的沉思冥想并回到当下，是一个治疗抑郁和焦虑等负性情绪障碍的可行途径。MBCT（Mindfulness-Based Cognitive Therapy）在这方面取得卓著成果［207］。MBCT 通过训练个体对此时此地的关注来减少对过去负性事件的心智游移。主要手段包括在个体焦虑、缺乏意识或产生心智游移时，通过注意呼吸将注意力带回到当下；训练个体通过注意环境中的具体信息和减少对自传体的记忆的概括性编码来增加对真实世界的注意。对此时此地的关注减少了被试控制元认知的尝试，因而减少了个体采取策略去控制心智游移而导致的反作用。MBCT 训练患者在体验到负性心智游移时让其自然发生，从而减少自我规范的压制与影响。通过这些训练，MBCT 疗法有效地改善了情绪障碍患者的症状［207］。

第六章　心智游移的脑机制

认知神经科学的迅猛发展给了心智游移研究第二次生命。继 Singer、Klinger 以及 Giambra 等人在 20 世纪 60 到 80 年代对与心智游移相关的白日梦现象进行以问卷调查方法为主的研究以后，随着心理学领域中认知心理学的兴起，心智游移现象因为其不可操控性而渐渐淡出人们的视线。即使在 Singer 的时代，心智游移研究也并未引起广泛的注意。然而，随着 20 世纪末以来无损脑功能成像技术的发展，人们可以动态地观测脑内神经活动的变化，并将心理体验和这些神经活动对应起来。脑功能成像研究中关于默认网络和静息态脑活动的研究直接促成了心智游移成为当今认知神经科学领域的一个热点。与经典的任务激活模式的研究不同，静息态脑功能成像关注的是个体在不进行目标导向任务时的脑活动，尤其是脑内网络的组织规律。尽管人们早就发现脑在个体休息时消耗的能量并不比执行任务时少，但直到静息态脑功能成像研究的技术和方法日渐成熟，探明这些巨大的能量消耗的意义才变得有可能。在这个领域的发展过程中，多项研究开始明确地将静息态脑网络中一个非常特殊的网络—默认网络—和心智游移现象结合起来，这为解释心智游移的发生机制提供了证据，也促使人们重新看待心智游移在意识活动中的重要地位。

在这一章中，我们在介绍静息态脑功能研究以及默认网络的基础上，总结和回顾针对心智游移的脑机制的研究，并简单介绍我们采用实验室模拟的方法进行的心智游移脑机制的研究结果。

6.1 静息态脑活动与默认网络

在脑功能研究的早期，被试处于静息态（被试闭眼、休息、保持清醒的静卧状态）或者注视一个固定注视点的状态，经常被用来作为和其他认知加工相比较的基线。这种做法是基于这样一个假设：个体在静息态时，脑内的认知加工不活跃或者处于杂乱无章的随机状态，与此相对应的神经活动信号可以视为随机噪声，经过叠加后其值为零。然而，正像我们在下一章中看到的那样，个体在非"任务"的静息状态下，心理活动以及相对应的信息加工并非是绝对的"零"态，其对应的神经活动也不是"随机噪声"。近年来兴起的对静息态脑活动以及默认网络的不断深入的研究给上述的推断提供了有力支持，即静息态下的脑进行着持续性的、丰富的、而且有规律的信息加工活动，这种信息加工活动有其独特的功能意义，脑的高度自组织化的自发信号保障了这一功能的实现。

6.1.1 脑的自发活动与脑网络 — 从静息态到任务态

到目前为止，我们对脑功能的了解大部分来自于对外界刺激引起的脑活动的分析。在经典的心理学脑功能成像研究中，研究者通过设置任务条件和控制条件，运用减法法则来观察脑活动的变化。然而，脑并不是只在有任务或外界刺激的情况下才活动。以功能核磁共振成像得到的 BOLD（Blood Oxygen Level Dependent，血氧水平依赖性）信号为例，在全脑范围内，BOLD 信号的波动是广泛存在且持续进行的，其中很大一部分与任务或外界刺激并没有直接关系，而是自发产生的内禀活动（spontaneous intrinsic activity）[208]。与此相联系的一个事实是，脑的重量只占身体重量的2%，却消耗着全身20%的能量。并且，由任务引起的脑能量消耗的增加只占脑原有能量代谢总量的0.5% —1%。Raichle等人认为，脑内能量消耗的80%被用于突触间信息传递，表明这些能量绝大部分被用于信息加工 [122，209]。这些实验结果提示，脑在静息状态下进行的信息加工，并不比实验操作引起的任务态下的信息加工少，静息状态下的脑活动不容忽视。

在静息态脑功能成像研究中，与任何可觉察的输入和输出信息无关的脑的自发BOLD信号波动（spontaneous BOLD fluctuation）尤其是其低频部分（<0.1Hz）引起了很多研究者的兴趣，这个领域已经获得了许多重要研究成果，极大地促进了我们对脑的工作方式的理解。

在人类个体身上，fMRI BOLD低频信号的自发相关可以用来探测大范围脑系统的内禀结构（intrinsic structure），目前有三种最常用的分析方法：功能连接（functional connectivity）、层次聚类（hierachical clustering）以及独立成分分析（independent component analysis，ICA）①。这三种方法的目的都是发现不同脑区低频自发BOLD信号之间的时间相关性。用不同的方法对静息态下脑低频自发BOLD信号的分析，得到的结果具有高度一致性：脑的自发内禀活动在全脑中广泛存在，其活动模式与解剖连接有关 [210]；这些自发的内禀神经活动具有自组织的特点，通过时间相关性组织在一起的脑区具有特定的功能 [208，211]。感觉运动系统 [212]、视觉系统 [213]、听觉系统 [213]、情景记忆系统 [214]、语言系统 [213]、背侧/腹侧注意系统 [215] 以及下文即将讨论的默认网络系统 [216，217] 等多个系统内的低频自发BOLD信号，具有高度的时间相关特性，即功能上相关

---

① 功能连接是最简便常用的一种分析方法，通过事先设定一个种子点，计算这个种子点的信号和其他脑区的信号（signal and time course）的时间相关性来观察脑区和脑区之间的内禀关系；系统聚类通过挑选多个种子点并计算相关矩阵的方式来考察脑区之间的关系；独立成分分析不需要事先确定种子点，而是通过复杂的算法分析整个BOLD信号集并将其解构成若干统计意义上独立的成分，而后分别确定这些成分的含义。

的脑区，其内禀的自发活动也是高度相关的。与此同时，功能上相对的脑组织，即存在相互抑制关系的脑系统，其低频自发 BOLD 信号呈负相关关系 [216]。这样，原先只有通过解剖和任务设置的方法发现的功能网络，现在也可以通过研究其静息态下的自发 BOLD 信号得以确认。

此外，不仅可以在静息状态下研究自发 BOLD 信号的活动规律，上述内禀活动在任务状态下也同样存在，并且其特性并没有很大改变，仍然具有和静息时相似的神经－解剖分布 [218]。尽管在任务状态下相关系统内的连接强度有所变化 [218]，但有证据表明连接强度的改变并不是网络的重新组织，而是因为任务的影响造成了诱发活动和自发活动之间的叠加，当校正了由任务引起的信号改变后，其内禀活动的特性在静息和任务状态之间保持一致 [219]。另外一个能够反应内禀活动与功能有关的证据是，自发的 BOLD 信号的波动还与个体的外显行为密切相关。研究发现，静息态下脑自发 BOLD 信号的空间分布模式可以预测个体在相应任务中的表现 [220]，脑自发 BOLD 信号的空间拓扑结构上的个体差异，与个体在任务中表现的个体差异有着对应关系 [221，222]。

因此，脑的低频自发 BOLD 信号具有自组织的特点，即功能上具有一致性的脑区通过同步的低频自发活动组织起来。静息态脑功能研究不需要设置任务，还可以在麻醉状态的灵长类动物身上进行研究 [210，223]，因而对自发 BOLD 信号的研究为脑功能成像研究提供了一个更为方便的方法。并且，脑的自发活动受外界任务影响不大这个事实提示，相对于诱发活动，脑的自发活动是一种相对独立于外界刺激输入和可觉察的认知活动的脑内禀活动，在组织和协调脑神经活动上有着重要作用，使得那些在功能上具有一致性的脑区可以相互整合发挥功能 [208]。

6.1.2　脑的默认网络

对脑默认网络的研究在静息态脑活动研究领域备受关注，相对于其他功能明确的自组织网络，默认网络功能及意义至今没有明确的结论。以下简要介绍默认网络的由来、特征及对其功能的相关研究。

6.1.2.1　默认网络的由来

早在上世纪70年代，Ingvar在应用一氧化二氮吸入的脑成像技术时，发现前额叶的活动在静息时达到最强，提出了"超前额（hyperfrontal）"的观点，认为脑的这种活动模式是个体在"什么也不干的"状态下不断进行有意识的内部精神活动的反映［119］。随着脑成像技术的飞速发展，减法法则被广泛运用在脑功能成像领域，与通常利用"任务条件－控制条件"进行实验的研究不同，一些PET实验发现，当用静息或者被动注视等被动任务作为控制条件，任务条件采用多种知觉、注意、工作记忆等任务形式时，在"控制条件－任务条件"下，总有一些相对固定的脑区被"激活（activation）"［224—226］。人们通常把任务条件－控制条件得到的结果称为"激活"，而把控制条件－任务条件得到的结果称为"负激活（deactivation）"①。在fMRI实验中也获得了相当一致的负激活结果［227］，与任务态下相比，这个负激活区域在静息态下更为活跃，该区域包括了内侧额叶、顶叶外侧和内侧、扣带回后部和压部后皮质（retrosplenial cortex），以及颞叶的内侧（见图6.1 a）。与此同时，这些脑区（尤其是扣带回后部区域）在静息时也有着最高的能量代谢（见图6.1 b）。

---

① 发现稳定的负激活脑区的任务仅指那些以即时外界刺激为加工对象、有目标导引的任务，本书中称它们为目标导向性任务（goal-directed task）。较复杂的情景记忆、社会认知、复杂决策等任务形式不包含在内。与目标导向性任务相对的是非导向性任务（undirected task），如静息态和简单注视。

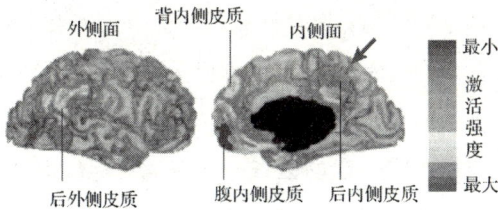

图6.1a 经典负激活脑区

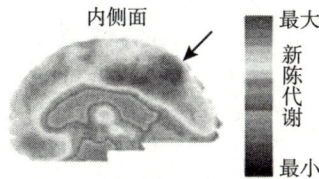

图6.1b 静息态脑能量代谢分布

注：图6（a，b）改编自 Gusnard 和 Raichle2001 年的综述 [228]

实验发现，在多种任务中负激活脑区的分布都是稳定，这些任务包括多种感觉通道的多种认知形式。不管采用什么样的任务条件，都会有一些相对固定的脑区在执行这些任务时，与静息时相比降低了自身的活动水平。这种在非导向性任务状态中高度一致的活动模式及其独特的代谢特征使得 Raichle 等人提出了脑功能的默认状态（A Default Mode of Brain Function）的概念 [228—230]，认为在静息等非导向性状态下，脑处一个默认状态，此时负激活脑区内的活动，称为默认活动（default activity）。

脑在持续进行着大量的自发活动，对静息态下 fMRI BOLD 低频自发信号的时间动态性分析表明，上述负激活脑区不仅具有活动强度在目标导向任务下"负激活"的特点，其自发低频 BOLD 信号在这些脑区内还具有高度的时间相关性 [217，231]，以扣带回后部为种子点做功能连接分析发现的网络与上述负激活脑区高度一致，还增加了海马以及颞叶内侧的邻近区域 [231]，同时，通过以海马为种子点进行的功能连接分析表明，上述负激活脑区与海马有着显著的功能连接 [214]。因为这些稳定的负激活脑区内部具有内禀的紧密联系，通过自发活动组织成一个同步活动的网络，默认网络的名称由此而来。至此，默认网络完成了从负激活、高能量代谢到内禀相关网络的定义。默认网络的发现表达了一个清晰的信息：在静息时，人脑中的若干通过低频自发信号的同步涨落而组织在一起的区域进行着比目标导向性任务状态下更为积极的工作，脑的自组织性保证了这一功能的实现。通过不同的计算方式（负激活、低频自发活动时间动态性分析，如功能连接）和不同的实验设计方式（block 设计和 event-related 设计）以及多个不同任务设置的研究得到的默认网络具有高度一致性 [211，214，216—218，232]，表 6.1 是在多个研究中的得到确认的默认网络脑区分布 [119]。虽然在用负激活方法定义的默认网络中，HF^+（hippocampus formation，海马及其周围结构，包括海马旁回）并不显著，但网络内其他脑区与 HF^+ 都有功能连接，所以，颞叶内侧也包含在默认网络内。

表6.1　经典默认网络脑区分布

区　　域	缩　　写	包括的脑区
腹内侧前额叶皮质	vMPFC	24，10m/10r/10p，32ac
后扣带回/压后皮质	PCC/Rsp	29/30，23/31
顶下小叶	IRL	39，40
侧颞叶皮质	LTC	21
背内侧前额叶皮质	dMPFC	24，32ac，10p，9
海马结构（包括海马旁回）	HF +	海马，EC，PH

注：该表来自于 Buckner 等人 2008 年的综述 [119]。m-medial；r-right；p-posterior；ac-anterior cingulate；EC-entorhinal cortex；PH-parahippocampal cortex。

6.1.2.2　默认网络的定义及特征

综合上述发现及确认默认网络的研究，我们可以给出默认网络的定义：默认网络是一个在静息时相对活跃而在指向外界刺激的目标导向任务中相对被抑制的内禀脑网络，网络内脑区之间的低频自发活动具有时间相关性即同步活动的特点。构成默认网络的脑区包括前额叶背/腹侧、扣带回前/后部、颞叶内侧以及顶下小叶。

我们可以总结出默认网络的三个显著特征：

第一，默认网络是一个负激活网络，在静息时活跃而在加工外界刺激的目标导向任务中被抑制，表现出在多个任务中负激活的特点。

第二，上述脑区的低频自发 BOLD 信号具有同步涨落的特点，成为一个自组织的内禀网络。

第三，默认网络核心区域在静息时有着最高的能量代谢，表明在静息时此网络内进行着大量的信息加工。

因为脑的自发活动模式通常被认为反映了神经系统的直接或非直接的解剖联系 [210]，默认网络的第二个特征 — 功能连接，表明默认网络很有可能和其他功能明确的自组织网络一样，是一个由具有相似功能的脑区组织起来共同实现某种功能的脑网络。默认网络的负激活及静息时高能量代谢的特点，表明这种功能可能与静息时个体进行着的认知活动有关。也就是说，脑在静息时进行着大量的认知活动，这些认知活动中的相当部分由一个结构明确的自组织网络 — 默认网络参与实现。

6.1.2.3　默认网络的内部结构及发展

默认网络是一个由多个自发活动同步涨落的脑区构成的脑组织，来自灵长类动物和人类相比较的解剖学证据表明，这些脑区之间通过直接和间接的解剖投射相互联系 [119，233]。默认网络还可以根据网络内各区域之间的功能连接划分出几个重要的子系统，以颞叶内侧的 HF + 和前额叶的 dMPFC（背内侧前额叶皮质）/vMPFC（腹内侧前额叶皮质）为种子点做出的相关图可以包含所有涉及默认网络的脑区，研究表明 HF + 和 dMPFC 可能代表了两个不同的子系统（颞叶内侧子系统和前额叶背侧子系统），它们与默认网络的其他脑区都有联系，但相互之间并没有连接（即并不内禀相关），说明默认网络可能至少包含两个相互作用的子系统。这两个子系统汇聚于 PCC（与 PCC 有强功能连接），表明 PCC 可能是两个子系统的整合中心 [119]。

根据对 6 个月左右的婴儿的研究，在睡眠状态下，婴儿脑中没有完整的默认网络，并且相应的默认网络相关脑区之间没有像成人那样的结构化的交互 [69]；在发展的另一端，老龄化伴随着全脑范围内网络连接的破坏，其中也包括默认网络内结构的改变 [234，235]，已有研究结果提示老年性痴呆症与默认网络内脑区的退行性病变有一定的关系 [236，237]。

上述研究提示，默认网络是一个随个体发展而逐渐成熟，并且随老龄化出现衰退的脑组织，多种心智疾病（diseases of mind）都伴随着包括默认网络在内的自组织网络的异常，包括老年性痴呆症 [236—238]、孤独症 [239]、抑郁症 [240]、多发性硬化（multiple sclerosis）[241]、精神分裂症 [242，243]、注意缺陷多动障碍 [244] 等，提示默认网络的功能与逐渐成熟并发展着的个体心智有一定的关系。

6.1.2.4 默认网络的功能及意义

在众多的静息态自组织脑网络中，默认网络是最特殊的一个。相对于其他功能明确的视觉、听觉、感觉运动、注意等网络，人们对默认网络的确切功能的看法仍未获得一致意见。沿用过去对脑功能定位的传统方法，对默认网络功能的最初猜测来源于对默认网络内各个脑区在其他任务中参与情况的研究，即根据默认网络内各个脑区的功能，来推断整个默认网络的功能。Buckner 等总结了目前关于默认网络功能的两种主要观点：哨兵假说（the sentinel hypothesis）和内部心理模拟／内投心理状态假说（the internal mentation hypothesis）[119]。

哨兵假说认为 [119]，默认网络的功能主要在于监控外界环境。默认网络活跃和被抑制两种状态之间的关键区别在于对外界刺激的注意形式。当个体集中注意加工外界刺激时，默认网络被抑制，而在静息态或被动任务中，个体处在一种对外界环境的广泛监控的状态下，此时注意并未聚焦在某物体上，但整个外界环境需要给予广而浅的注意，这是一种"警觉"、"监控"或"探索"的状态［120—122］。因此，默认网络有可能对这种广泛的低聚焦水平的外投注意状态提供支持［224］。这种假设得到了一部分实验的支持：扣带回和角回（angular gyrus）的活动区强度与部分形式的任务绩效呈正相关［245］；楔前叶的损伤会导致 Balint's 综合症（皮层性注视麻痹），患者的典型症状是微管视觉（tunnel vision），即一次只能知觉到视野内一小部分的刺激，而对注意焦点周围的刺激毫无察觉［246］。但以上实验证据只是根据默认网络众多脑区中的个别区域在某任务中的表现作出的推测，这对推断默认网络的整体功能来说是不够的。

相比于哨兵假说，内部心理模拟假说得到了更多实验的支持［119］。这种假说认为，自我反思（self reflection）、情景记忆和想像等涉及的脑区与默认网络有相当广泛的重合。根据目前的证据得出，由情景记忆及自我相关加工共同组成的"心理模拟（mental simulation）"，很可能是默认网络的主要功能之一［119］。

默认网络的关键区域，海马旁回、扣带回后部等部位，参与了各种形式的情景记忆和自传体记忆。情景记忆和自传体记忆是最早被归于默认网络的功能之一。事后对被试的访谈也表明，在静息时个体的心理体验非常丰富，包括对过去经历的情景性回忆、对未来的计划以及一些其他的私人想法［226，247］，其中自传体式的情景体验尤其突出。因此，最初研究者就将稳定的负激活脑区的功能锁定在和情景记忆（包括自传体记忆）相关的功能上。Svoboda 等（2006）对 24 项 PET 和 fMRI 研究的元分析也表明，自传体记忆任务的激活区域集中在 vMPFC，dMPFC，PCC/Rsp，IPL，LTC 和 HF［248］，这些区域与默认网络脑区分布非常相似。与自传体情景记忆有关的另一种任务是想像未来，其相关功能区域包含大脑内侧前额叶、扣带回前部和后部、海马和海马旁回、楔前叶等部位［51，193，249—252］，这些区域与情景记忆以及默认网络的脑区分布同样有着较大的重合。这样的重合很容易从心理体验和功能上得到解释，因为想像未来和回忆过去都包含着个体在脑中将自我放到一个与现时不同的时空环境中去的过程。与这个过程有关的另一个能力是理解他人、站在他人角度考虑问题的能力，通常称之为心理理论（Theory of Mind，简称TOM）。参与TOM的脑区与默认网络脑区也有较大重叠，尤其是前额叶内侧、扣带回前和后部 [253，254]。

以上三种认知任务的共同之处在于，个体都需要将自我投射到一个不同于此时此地的时空环境中去，或者说，都要求个体能够在脑中构建一个不同于现在的场景并将自我沉浸其中。这三种认知能力出现在相似的年纪（3—4岁以后），而激活脑区又如此相似（都包括额叶和颞叶内侧系统），因此Buckner等认为这三种认知过程背后有着共同的认知机制 — 以想像的方式建构假想事件或情景 [119]，可以称之为"心理模拟"（mental simulation），或者称为"自我投射"（self-projection）[190]。这是个体在脑中将自我投射到一个与即时环境不同的假想情境中去的过程，其实质是个体用过去的经验构建一个与现时不同的情景，并在这个情景中体验自我。这也就不难理解为何道德判断（moral decision）任务也能引起默认网络脑区的激活。在道德两难任务中，被试需要将自身放在假想情景中作出评判 [255]，这同样是一个心理模拟或者自我投射的过程。

与自传体记忆、心理理论等认知能力密切相关的是指向"自我"的加工。"自我"是一个相当复杂的心理概念，虽然至今为止仍然缺乏对"自我"这一概念的统一定义 [256]，但仍有大量的实验采用各种形式的任务，企图发现参与"自我加工"的神经结构。其中，以"自我表征"为加工对象的任务，包括根据自己的情绪反应对刺激作判断、对刺激做自我相关性判断，评价或反思自我的特质等多种任务形式 [256—268]，这些实验任务引起的激活大多集中在大脑皮层中线结构上（cortical midline structure），包括内侧前额叶，扣带回前部和后部，而这些区域与默认网络核心区域有很大重叠 [268—270]（见图6.2 a，b）。因此，自我表征加工或者自我参照加工（self-referential processing）也被认为是静息时的认知活动之一。而前面提到的自传体记忆、心理理论、想像未来等任务，作为将自我放到另一个情境中去的认知过程，同样也涉及到"自我"，也是一种与"自我"有关的任务形式。

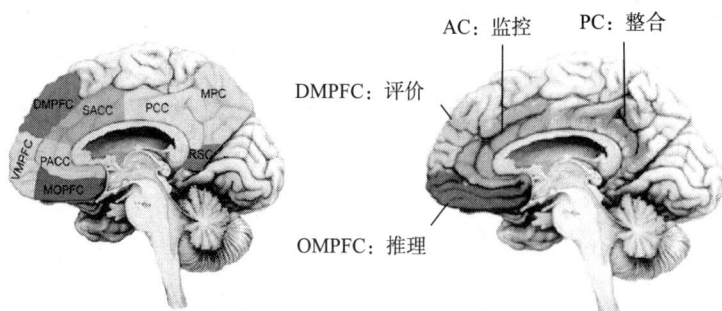

图 6.2 a（左）大脑中线结构图　图 6.2 b（右）皮层中线结构与自我相关加工

注：6.2（a）来自 Northoff 等人 2006 年对若干自我参照加工的脑成像实验的元分析 [269]；6.2（b）来自 Northoff 和 Bermpoh2004 年的评述 [270]；DMPFC：背内侧前额叶皮质；SACC：前扣带回（ACC）膝下部；PACC：前扣带回（ACC）膝前部；PCC：后扣带回；MPC：内侧前额叶皮质；RSC：后压部皮质；VMPFC：腹内侧前额叶皮质；MOPFC/OMPFC：眶内侧前额叶皮质。

对默认网络内部结构的分析可以为我们提供另一个关于其功能意义的线索。根据功能连接的结果，以海马及其周围结构组成的颞叶内侧系统和内侧前额叶系统是两个相对独立的子系统，这两个结构整合的中心位于扣带回后部 [119]。颞叶内侧系统是一个众所周知的记忆系统，提示默认网络的功能与利用过去经验密切相关 [192，252]。以海马为种子点做出的海马相关网络 [214] 与情景记忆提取相关脑区 [271] 很相似，两者都包括 PCC（扣带回后部）/Rsp（压部后皮质）和 IPL（顶下小叶）。因此，对过去经验的利用成为对默认网络中内侧颞叶子系统功能的合理推测。而内侧前额叶特别是其背侧和腹侧的激活与自我相关加工的联系紧密。如前所述，很多自我相关任务引起的激活与默认网络脑区重合 [230，254，272]，其中的部分原因来自大部分与自我有关的任务同时也涉及对个人经历的参照。其中内侧前额叶与自我相关加工的联系较为明确，尤其是在需要被试将自己放到过去或将来的场景中进行自我相关加工时，MPFC 的激活非常稳定 [261，273—276]。

有一些任务对颞叶内侧系统和内侧前额叶系统都有依赖，比如自传体记忆、想像个人未来，是因为这些任务需要个人经验信息，同时需要进行自我相关的加工。而有些任务如心理理论任务，则主要涉及自我相关的加工，故主要激活内侧前额叶系统 [254]。

由此可以推测默认网络中内侧颞叶系统和内侧前额叶系统各自负责的功能。内侧颞叶系统负责提供个体过去的经验信息，而内侧前额叶系统利用这些信息进行自我相关的心理模拟。这两个子系统协同工作，共同为一种目的服务，称为"life simulator"，其主要作用就是利用记忆信息对未来事件作出预测以更好地适应不断变化着的环境 [119]。关于这两个系统交互作用的机制还缺乏进一步的证据，但根据功能连接的结果，PCC 可能是两个子系统的交互作用中心 [119]。

6.1.2.5　默认网络与自发认知活动的关系

我们从两个方面来讨论默认网络与自发认知活动的关系。

首先，默认网络与内投注意有关。根据默认网络在静息和被动任务中活跃而在主动任务中被抑制的表现，默认网络与个体在静息和从事被动任务（如注视一个十字）时进行的认知活动有关。和上一部分中论述的内部心理模拟功能假说类似但角度有所不同，这一部分更多地从自发认知活动的整体而不是个别认知过程的角度来看待默认网络的功能。这些自发认知活动的核心特点之一是个体的注意指向内部而不是客观环境。

SIT（Stimulus-independent Thought）时个体注意从周围环境中部分或全部转移至内部心理活动，此时默认网络的活跃可以认为与这种注意状态有关。PET 研究发现，SIT 的频率和 MPFC 的活动呈正相关，即当被试主观报告的 SIT 较多时，MPFC 也较为活跃 [277]；随后的研究表明，相比于注意力外投的信号检测任务，SIT 的频率和默认网络脑区的活动都有显著增加 [225]；并且，随着任务难度的增加，SIT 减少，同时默认网络活动强度减弱 [227，278]。

另一方面，我们也可以从注意内投的对立面——注意外投来间接考察默认网络与注意内投状态的关系。因为注意资源有限，对外界刺激的加工和对内心世界的关注是此消彼长的竞争关系［279］。多项研究表明默认网络核心脑区的活动与个体外投注意任务上的绩效呈负相关的关系，也就是个体越专注于外界任务，默认网络就越不活跃。例如，研究发现当对外界刺激的加工出现瞬时注意疏忽（momentary lapses in external attention）时，PCC/Rsp 的活动增强［280］；编码任务中 PCC/Rsp 和 IPL 附近的脑区活动和事后单词能否被回忆起来有关，脑区活动增加时编码的单词事后较易被遗忘［280］；在 go/nogo 实验中发现，默认网络脑区活动的增加与被试抑制 go 反应失败相关［281］；随 n-back 任务负荷的增加，默认网络负激活程度也增加［202］。来自脑自发低频活动的研究表明，相比于静息态，外投注意任务中的默认网络内的功能连接有所减小［218］，这说明外投注意任务负荷对默认网络的内部连接强度也有调节。总之，当注意力从外界刺激转向内心事件从而出现注意疏忽时，默认网络内相关脑区更为活跃，同时网络内部连接更为紧密。因此，我们认为默认网络的功能与内投的注意状态密切相关。

其次，默认网络与自我觉知有关。当个体注意外界刺激时，对内部精神世界的觉知就会减弱或"消退"，当个体沉浸在自己的内心世界中时，外界刺激信息也会从意识中心"隐退"，注意资源在外部环境和内部心理事件之间是竞争的关系［279］。Boly 等认为觉知自我和觉知环境是意识觉知的两种相对的功能［283］，其中对自我的觉知指的是一种对内部精神世界的觉知状态，与对外界刺激的觉知相对。额顶联合皮层与意识状态密切相关，这个部位的损伤会导致多种形式的意识状态改变，如植物人、深度睡眠、麻醉或昏迷等［284，285］。这个区域可分为背外侧和内侧，其中背外侧额顶系统与对外界的觉知有关［286］，而作为默认网络的核心区域的内侧额顶系统与对自我的觉知有关［261，269］。Boly 等对意识觉知网络进行了划分，提出两个相互拮抗的网络—自我觉知网络和环境觉知网络（见图6.3）。这两个网络在静息态下同样存在，它们的分工通过持续性的脑自发低频活动表现出来，是两个内禀网络。Fox 的实验证明这两个网络间呈负相关关系，并且，这种两个网络内正相关、网络间负相关的关系在被试间非常一致，提示这种网络之间的拮抗关系反映了人脑功能的内禀组织特性 [211，216，287]。背外侧额顶系统是独立于感觉通道的环境觉知网络，Fox 称之为任务正相关网络（task-positive network）；与觉知的具体感觉形式相关的感知觉网络，如听觉、视觉和体感网络，也被发现与自我觉知网络即默认网络呈负相关关系 [283]。

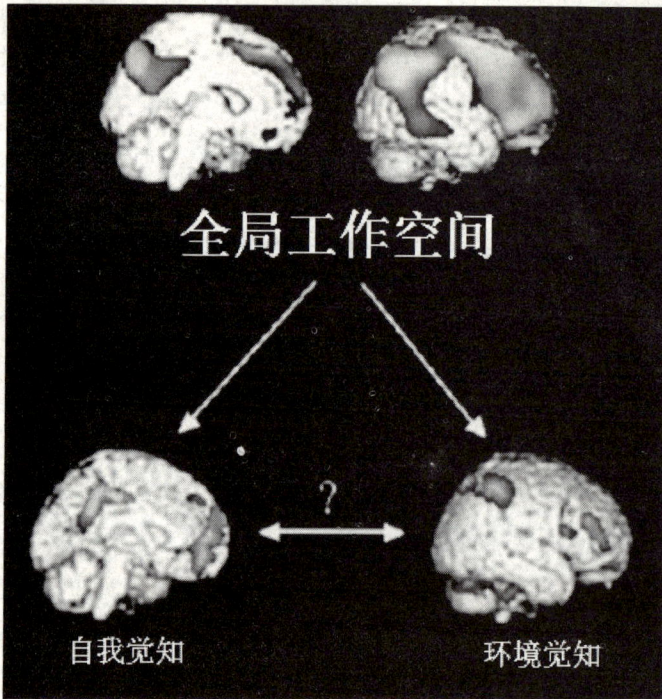

图 6.3 自我觉知网络与环境觉知网络

注：图例来自 Boly 2008 年的评述 [283]。

觉知外界和觉知自我两个网络的自发低频活动的变化与被试的外显行为变化密切相关 [288]。觉知外界脑网络在刺激呈现之前 3 秒的基线神经活动（baseline neural activity）可以预测这个刺激是否可以被觉知，如果刺激被觉知，此网络活动在刺激出现前 3 秒增强，同时自我觉知网络的自发活动减弱，再一次表明这个两个网络相互竞争、相互抑制的关系。这与前面提到的认为默认网络起到"观察者"（observer）作用的哨兵假说不符。［284］。大量实验证明，对环境刺激的觉知和对自我的觉知是相互竞争的两个过程［279］。

与觉知自我－觉知环境的分类相类似，还可以将脑系统分为外生/内生系统（extrinsic/intrinsic systems）［289］。前者与加工外界刺激（externally oriented stimuli）有关（例如听觉、视觉和体感网络，以及 Fox 等提出的与外投注意正相关的任务正相关网络［216］），后者与加工内源性刺激（internally oriented stimuli）有关，即在很多实验中发现的负激活网络，也就是默认网络。在 Tian 等的实验中发现，在静息态条件下，听觉、视觉和体感网络与内禀系统呈负相关，而听觉、视觉、体感系统这些外生网络之间的连接很有限［290］。与 Fox 等仅发现一个与默认网络呈负相关的任务正相关网络不同，Tian 等的实验发现了多个外生系统的子系统与内生系统呈负相关。这种负相关也许可以解释对外界刺激的加工和指向内部的加工总是相互干扰的现象。至于在加工外界刺激时是否会出现默认网络负激活的现象，则要依赖与任务难度和新异性等影响"主观投入"的因素，因此单纯的感觉任务并不会引起默认网络负激活［283］。

6.1.3 静息态脑活动对脑工作方式的启示－记忆和预测的大脑

如上所述，对静息状态的脑及认知过程的关注，以及以脑自发活动为对象的研究，为我们理解脑的工作方式打开了一扇新的窗口。其中对默认网络的研究，更是表明脑以一种自组织的方式使得认知系统在不加工外界刺激时保持活跃。

根据前面列举的大量实验证据，脑在静息时并不"静息"是一个确定的事实。对于个体在不加工外界刺激时进行的认知活动，心理模拟和自发认知活动两种解释相对较为直接。如前所述，人类个体很容易"陷入"这种自发的内部精神活动，哪怕在任务状态下，也会因为心智游移而分心。但正如 Singer 所说，白日梦具有适应性的意义，自发的内部认知活动能够如此持续而普遍地存在，必定有其作用［18］。

Bar 认为个体静息时进行的包括记忆巩固、回忆、计划、预演、幻想等多种自发认知活动，其实质都是基于经验的联想（association）。而心智游移时脑在进行着的默认功能就是联想，联想是人类思维的基本的核心成分［192］。源源不断的联想过程的目的是对未来事件产生预期［191］，利用当前环境信息和内部信息，结合脑中存贮的过去经验，对未来事件产生估计或预测，因此，脑是一个记忆和预测的系统。我们的脑一有机会就会利用空闲时间进行这种预测活动。

Bar 认为静息时进行的默认活动，其实质就是联想加工。有实验为这个假设提供支持：相对于那些与特定背景信息联系较弱的物体（如杯子），与特定场景有较强联系的物体（如沙滩椅），引起的激活与默认网络十分相似［291］，Bar 称这个网络为背景联想网络（contextual association network）。也就是说，当个体看到那些能引起丰富联想的物体时，那些在静息时或者非控制思维活动（unconstrained thought）时活跃的脑区也被激活。前一部分中提到的那些激活默认网络关键脑区的任务，包括情景记忆及想像未来［193，249］、自我参照加工［272］和心理理论［273］等任务，以及导航和空间任务［190］、决策［292］、社会交互［254］、情绪［293］等任务，Bar 认为它们的共同之处都在于利用了联想过程。脑利用"空闲"时间进行联想的目的是进行"预测"。并且，这种预测是自发的，即脑并不是被动地等待环境刺激，而是持续不断地产生预测，来估计将来可能发生的事件。静息时记忆相关网络的活跃，其目的就是利用不断巩固着的过去信息来产生预测。利用过去经验积极地计划将来、引导社会交互，最大程度地利用脑不加工外部信息的"空闲"时间，是默认网络在静息时发挥的适应性功能 [119]。

关于脑的自发内禀活动，Raichle 认为，脑发展出并维持着一个内禀的期望事件概率模型（intrinsic probabilistic model of anticipated events），持续性的神经自发活动有可能用于保持这个模型的内部表征，从而感觉信息能够被相互比较和整合在一起。脑的这种内禀活动为我们的所有行为提供了限制性的背景 [294]。

无论是持续不断的内禀活动，还是默认网络在静息时活跃的现象，都表明人脑并不是一个被动等待、接受环境刺激的器官，而是时刻为未来事件做着准备，加工着某些特定的但与即时行为无关的信息。一个相对激进的观点认为，这举"指向未来的加工（future-oriented processes）"是人脑的主要功能 [295]。人脑不断地摆脱环境的束缚，并花费大量时间来巩固过去和稳定大脑神经元集群（ensembles），并为将来做准备。而支持这些功能的神经活动可能以一种与在受控环境中进行输入－输出的加工方式完全不同的模式运作，而这就是研究静息态脑和认知活动的意义所在。从这个角度上看，人脑是一个贝叶斯推理机（Bayesian inference engine），其功能在于对未来作出最佳估计 [296]。

值得注意的是，脑的这种以自组织的方式将功能相似的区域通过低频自发活动整合起来的现象，在非人类灵长类动物身上也同样存在。在麻醉态的黑猩猩脑中，发现了以功能连接方式组织起来的多个网络，其中包括类似的默认网络 [210，297]。并且，在人类个体身上，脑的这种通过自发相关性来整合不同脑区的特性在轻度睡眠阶段同样存在 [298]，默认网络也在其中 [299]。这说明默认网络和即时的意识觉知状态没有直接关系，也不是人类脑独有的特征，而是随着物种进化逐渐出现，成为成年高级灵长类动物大脑的一种基础性的、普遍的特点。我们目前并不了解除了人以外的其他灵长类动物是否也有自发认知活动，因此不能认为只要脑中的这些区域以低频自发活动组织起来，就说明存在自发认知活动。但默认网络脑区的内部连接很有可能为自发认知活动提供了神经结构保证。

结合上一部分的讨论中谈到的各个脑网络内部的自发低频相关特性在静息态和任务中都存在的事实，我们认为依靠低频自发活动的同步振荡将不同脑区组织起来的特性，是脑的普遍的工作方式。这种工作方式使得脑的不同功能系统在需要的时候能够作出优化的、恰当的反应。而这种组织方式与个体本身是否在执行相应任务无关，甚至和个体是否处于有觉知的意识状态也无关。

6.2 心智游移的脑激活模式

在针对默认网络功能的讨论中，Buckner 提出的心理模拟假说 [119]，以及将默认网络与自我觉知和自发认知活动联系在一起的观点，与默认网络在心智游移中有重要作用的假设都是基本一致的。因为从意识体验上来看，心智游移状态包含了心理模拟、自我觉知以及自发认知过程。因此，默认网络参与心智游移这一假设获得了广泛支持。

默认网络参与心智游移的假设最初是基于静息态时心智游移频发以及此时默认网络更为活跃这两个现象的伴生性而作出的，两者更为确定的关系在以下几项研究中得到了确认。

Weissman 等人 2006 的研究中发现，在注意疏忽（attentional lapse）发生前，默认网络脑区的负激活减弱。因为心智游移是注意疏忽的常见原因，故默认网络脑区在注意疏忽前抑制程度减弱提示这个区域参与了心智游移过程 [300]。

首次明确提出并证明了默认网络参与心智游移的是 Mason 及其同事 2007 年发表在 Science 上的一项研究 [16]。这项工作将个体在执行任务过程中，刺激独立想法（SIT）的产生量和默认网络的活动强度直接对应起来，同时考虑到心智游移倾向的个体差异对这种关系的影响。被试在正式实验的前四天时间里，每天来实验室完成同样的口语或视觉空间工作记忆的任务，这样在第四天时，这项任务就成为熟练任务。研究者在第四天比较了被试在完成静息任务（基线条件）、熟练任务和性质上与熟练任务相同但呈现通道不同的新异任务（之前参加口语工作记忆任务的被试，在新异任务条件下完成视觉空间工作记忆任务，反之亦然）过程中 SIT 的频率，SIT 通过思维探针（Probe）获取。结果表明，静息任务下个体发生 SIT 的频率最高，熟练任务次之，新异任务最少。在第五天的正式实验中，被试在完成上述三项任务时接受功能核磁共振扫描。结果表明，和两个任务态相比，静息态中扣带回后部和楔前叶、前额叶内侧等区域表现出了更高的活动强度，这个激活网络与通常的负激活网络即默认网络基本吻合，并且，熟练任务和新异任务之间的差异与上述激活网络相似。更为重要的是，默认网络内 BOLD 信号在熟练任务和新异任务间的差异与通过 IPI 的白日梦频率量表评定的个体心智游移倾向相关，也就是说，那些具有更多白日梦倾向个体的默认网络的活动强度，在熟练任务和新异任务的对比中表现出更多的差异。这项工作在心智游移的脑功能研究中具有里程碑式的意义，它明确支持了默认网络在心智游移活动中的作用，并将心智游移倾向的个体差异与默认网络的个体差异对应起来。

继 Mason 之后，Christott 等人 2009 发表在美国科学院院报上的一项研究在心智游移和默认网络之间关系的问题上获得了更为直接的证据。研究采用了与 fMRI 同步进行的在线（on-line）的思维探针的方式来获取个体在 SART 任务过程的意识体验，通过对比个体报告为"执行任务"（on-task）和"走神了"（off-task）之前一小段时间内的 BOLD 信号，来获得心智游移的脑激活模式。因为此时"执行任务"和"走神"是发生于同一个任务情境，保证了这两种意识状态处于相同的背景下，这就比之前通过比较静息和任务的负激活范式或比较低负荷任务和高负荷任务（比如熟练任务和新异任务）的方法更少受到非心智游移因素的影响，由此可以在保证任务负荷不变的情况下使用经验取样方法来检验行为研究中关于心智游移占用执行资源这一理论假设。这项研究还通过思维探针区分了伴随元意识的心智游移以及没有元意识的心智游移。该研究的一项重要发现是，当个体报告自己在心智游移时，在经典的默认网络（扣带回前部皮层腹侧、楔前叶以及颞顶联合区域）和执行网络（executive network）（扣带回前部背侧和外侧前额叶背侧）内都发现了激活。并且，在个体没能成功抑制对目标刺激的按键反应之前（与正确的成功抑制反应相比）的脑激活模式与思维探针得到的结果一样，都包含了默认网络的核心区域，但思维探针的结果获得了默认网络内更为广泛的激活。另一个重要的发现是，不伴随元意识的心智游移（与伴随元意识的心智游移相比）在默认网络和执行网络中都引起了更强的激活。Christoff 及其同事的这项发现不仅回答了默认网络和心智游移的关系，还提供了行为实验关于心智游移干扰当前首要任务这一现象的神经科学基础。尽管静息态脑功能成像研究中发现默认网络与背侧注意系统在静息态下有着此消彼长的负相关关系 [216]，但心智游移会降低任务绩效这一结果表明心智游移要消耗执行资源。Christoff 等的研究结果支持这一假设，并提示了心智游移是一种特殊的意识状态，可以在不抑制默认网络活动的情况下发挥执行网络的部分功能。

Mason 和 Christoff 的研究均建立在心智游移的发生和默认网络的活跃两者的对应关系上。这只涉及到了心智游移神经机制的第一个层面，在这个层面上，我们仍然无法回避心智游移的复杂性问题，即心智游移是一个包含多种认知过程的复合意识状态。这就涉及到心智游移神经机制第二个层面的问题—心智游移的内容和默认网络的关系。我们下面要介绍的几项研究涉及了这方面的内容。

尽管大部分研究结果都支持默认网络参与内投心理状态（internal mentation）的观点，但仍无法完全排除默认网络在外投注意上的作用，因为心智游移也同时伴随着注意状态的转换，即由聚焦转为广而浅的投射。Gilbert 等人认为这个状态以及与之相关的默认网络的功能是预期还未发生的事件 [120，121]，这个观点与前面提到的哨兵假设类似 [119]。这类假设得到了脑成像研究的支持。研究发现，当目标随机出现在多个可能位置中的一个位置时，相对于目标出现在线索指向的位置，默认网络的核心区域 mPFC 和 PCC 的活动加强；并且默认网络的特定区域的活动强度与对外周目标的更快的反应时相关 [245]。这些结果似乎说明默认网络与刺激相关思维或对即将到来的刺激的警觉和期待有关 [120，121]。

因为内投和对外部的注意往往交织在一起，给鉴别上述两个相对的观点带来了难度 [301]。Andrews-Hanna 等人 2011 年的研究利用精巧的实验设计部分解决了这一问题 [302]。实验一在保持感知觉通道输入和反应一致的情况下，引入了广泛注意（broad attention）、焦点注意（focal attention）和被动注视（passive fixation）三种条件，并通过一个在模拟 fMRI 情景下的独立的加入思维探测的行为实验，验证自发思维在三种条件下出现频率的差异，同时进行事后的回顾性问卷测查，以多方面评估个体在三种实验条件下经历的心智游移频率及心智游移内容与个人自我（比如，对自己是否重要）和特定目标之间的关系。实验二研究了默认网络内区域的功能连接和自发思维的关系，扫描大样本被试（139 人）被动注视十字状态下的脑活动，同时在事后进行回顾式的问卷测查，要求个体对每种类型（按时间指向分成过去、将来、无时间指向、环境刺激、空白以及其他）的自发思维的出现比率作出估计。实验结果显示，个体在被动注视态下的确经历了更多的心智游移，且心智游移内容与自我和特定目标相关。并且，在被动注视态下默认网络内区域表现出了更高的活动强度，而广泛注意和聚焦注意两种条件在默认网络引起的活动中没有区别。通过更为细致的感兴趣区（region of interest，ROI）分析，研究澄清了认为默认网络内的楔前叶参与外投注意任务的观点，先前的研究误将整个楔前叶都划入默认网络，而实际上参与外投注意的背侧视觉通路的 BA7 区并不属于默认网络，这一区域更多地与视知觉、注意有关。

更为有价值的是，这个研究提供了有关心智游移的具体内容和默认网络内不同子系统之间关系的信息。通过对 139 个被试的大样本实验，发现个体报告的过去和将来指向的心智游移的比例可以预测 MTL（medial temporal lobe，颞叶内侧，包括海马和海马旁回）与默认网络其他区域之间的功能连接强度，pIPL（posterior inferior parietal lobule，顶下小叶后部）和 vMPFC 以及 Rsp（retrosplenial cortex，压部后皮质）组成了一个和 MTL 有高度功能连接的默认网络子系统，这个子系统与情景记忆提取和对未来的情景预演过程有关。心智游移中有时间指向特征的内容越多，MTL 子系统内的功能连接就越强 [302]。这为默认网络参与情景性思维（episodic thought）提供了直接支持，并验证了 Buckner 等关于默认网络内部结构的假设，即默认网络可以分成以 PCC 为枢纽连接起来但相互独立的 MTL 和 dMPFC 两个子系统 [119]。Andrews-Hanna 等的这个研究清楚地表明任务状态的变化可以调节默认网络内的连接强度，说明至少部分内禀的默认网络活动和短时间内的认知过程变化有关。

如前所述，对未来自我的展望是心智游移的一个重要成分 [302 — 304]，Preminger 及其同事的一项研究将此成分与默认网络活动联系起来 [301]。Preminger 等认为，那些以外部刺激模式研究默认网络功能的研究不能回避的一个问题是：不能排除外部刺激本身对默认网络造成的影响（而不仅仅是外部刺激引起的内禀加工），确定默认网络在内投心理状态中的功能需要直接研究刺激独立思维（stimulus-free thought，SFT）的不同内容对默认网络的调制。实验要求在呈现线索词 1 秒后分别进行一项持续 40 秒的 SFT 任务，包括一项默认网络激活任务（对未来自我的展望）和三项默认网络抑制任务（字母倒述、视觉表象和文本复述），被试需要在默认网络抑制任务中尽可能避免自我关联。研究结果发现，未来自我展望在默认网络的所有核心脑区都引起了更高水平的激活，并且这些高水平的活动在整个内向思维（internal thought）过程中得以持续。此外，不同内容的 SFT 都会引起默认网络的活动，但它们的活动强度和模式有所不同。这与本书作者作出的心智游移内容结构的结论是一致的，即心智游移的核心成分是情景想像（时间指向又以将来为主），同时也包含部分视觉表象和内部言语［304］。Preminger 及其同事的这项研究的最大意义在于，它证明了内投思维的内容会调节默认网络的激活模式。

Andrews-Hanna 等和 Preminger 等的工作将心智游移的具体内容和默认网络对应起来，本书作者的一项研究则关注心智游移的核心特征和各个主要成分与默认网络的关系［304］。在这项研究中，研究者根据心智游移的核心特征以及 ESM 的调查结果（见第二章第一节），针对心智游移的主要成分构建了模拟情境的心智游移任务，用事前训练的方式让被试达到"线索刺激—相应成分心智游移"的自动化加工，通过与控制任务的对比，找到参与各心智游移子成分的脑区，并整合这些实验结果，分析参与心智游移的脑机制。事前训练的目的在于达到如下效果：被试接受线索刺激即不由自主地产生相应的内投思维，而不管当时的目标任务是什么。事先反复进行的大量的目标导向性训练可以使被试在线索刺激和相应的内投思维之间建立自动的联系。在训练中让被试对每一线索刺激做特定内容的内源性加工，重复多次，直至被试形成线索—内投思维的自动化反应。在正式实验时，虽然被试的目标任务是与非自主认知活动不相关的刺激物理属性加工（如判断视觉刺激的空间位置或听觉语音刺激的性别），但由于先前的训练，被试会在完成目标任务的同时，产生非随意性的内部认知过程，即非自主的内投思维过程，符合心智游移非自主性和内源性的关键特征。通过事先训练，被试分别建立了特定线索与非自主情景想像、非自主内部言语和非自主视觉表象之间的联系；在正式的 fMRI 实验中，被试完成对线索刺激的物理属性判断，同时产生了相应的不由自主的内投思维。研究结果表明，扣带回后部、双侧海马旁回和左侧楔前叶参与了非自主情景想像过程（见图 6.4a）；左侧楔前叶和扣带回后部的交叉区域与非自主内部言语过程有关（见图 6.4b）；枕叶联合皮层（19 区）、左侧楔前叶和扣带回后部参与了非自主视觉表象过程（见图 6.4c）；扣带回后部在三个内投思维状态中的共同激活提示它在内源性信息的非自主涌现上具有重要作用，而以海马旁回为代表的颞叶内侧系统的活动则与心智游移的优势成分一非自主情景想像有关［304］。

PCC，PH

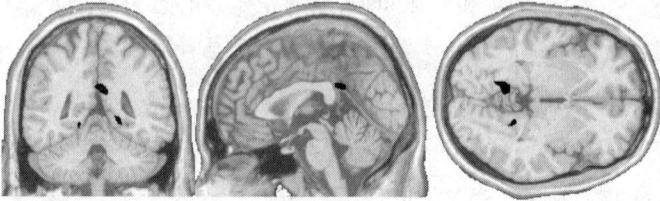

Precuneus

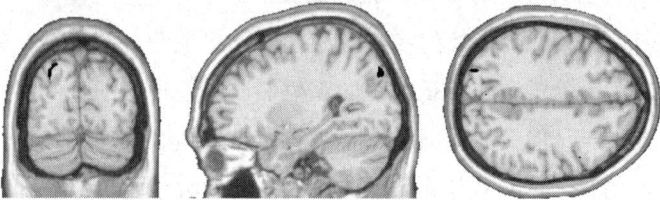

图 6.4a　非自主情景想像的激活脑区，主要包括 PCC 及 PH，左侧 Precuneus

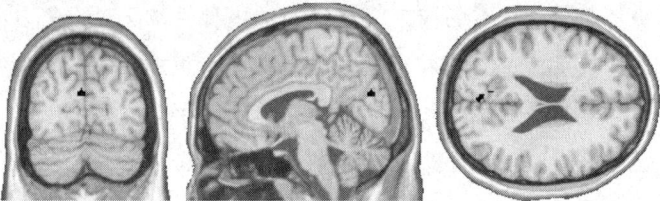

图 6.4b　非自主内部言语的激活脑区，主要包括左侧楔前叶靠近 PCC 的区域

BA19，Precuneus

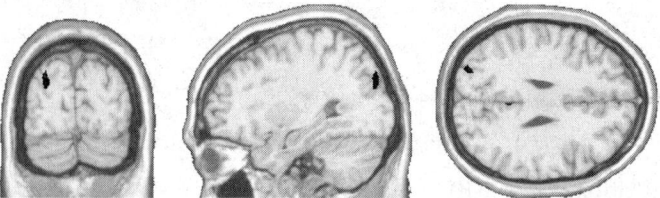

PCC

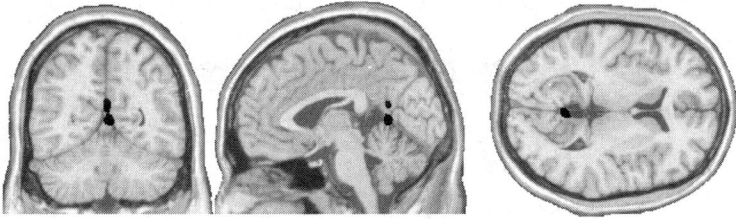

图 6.4c 非自主视觉表象的激活脑区，主要包括
左侧枕叶 19 区和楔前叶，以及扣带回后部

尽管默认网络的存在不局限于清醒态的脑［298，305，306］，也不局限于人类的脑［210，307］，这些事实提示默认网络内协调一致的内在活动受到稳定的结构连接而不是认知状态的限制［308］，但上述三项研究强有力地支持了默认网络活动和心智游移时个体的内心活动的关系，提示人脑发展出了专门的内在网络来组织心智游移活动。在考虑到内源性的自发认知活动在脑功能的地位时，这一观点显得更为合理。

第七章　在意识理论框架内解释心智游移

　　就像我们在第一章中指出的那样，心智游移是一种重要的意识现象。说它重要，一是因为心智游移的普遍性，以及在个体意识经验中占据的份额；二是因为心智游移代表了一种与我们直觉相反的意识动力机制，即我们的意识经验并不全部受外界刺激和当下个体所意识到的目标的驱使，意识经验的背后存在一股看不见却又时刻影响甚至决定我们意识经验的动力。了解心智游移的发生和规律，对于了解我们的意识系统的运行方式是必不可少的。同样，我们也需要将对心智游移发生机制的理解同对意识发生机制的理解统一起来，在意识理论框架内解释心智游移现象。我们认为心智游移是一种有意识的体验，但其根源来自巨大的无意识背景，正是持续不断的无意识过程给心智游移提供了"原料"。在这一章中，我们选择 Baars 的意识全局工作空间理论作为理解心智游移发生机制的切入点，在阐述心智的无意识活动现象的基础上，提出扩展的意识全局工作空间理论以容纳心智游移现象，并尝试描绘一个心智游移的发生模型。

7.1　意识的全局工作空间理论

　　全局工作空间理论（Global Workspace Theory，简称 GW 理论）以

及全局神经元工作空间假说（global neuronal workspace hypothesis，简称 GNW 假说）是针对人类个体的意识觉知现象提出的两个理论，目的在于解释意识的形成机制以及意识系统的结构。其中全局工作空间理论是 Baars 提出的关于人类个体意识体系的理论［309］，该理论对意识现象的产生机制和特点作了较为完整的解释，极大地促进了我们对意识现象的理解。在 GW 理论提出后，不断有证据为全局工作空间假说提供支持。在此基础上结合认知神经科学的最新研究成果发展起来的全局神经元工作空间假说［310］，从更加具体的大脑活动模式的角度对意识现象进行了令人信服的解释，并提供了直接的神经科学证据。这两个理论都认为全局工作空间的形成是意识觉知形成的关键特征，为我们理解意识觉知提供了框架，在意识研究领域内影响广泛。

7.1.1 GW 理论

7.1.1.1 GW 理论的基本构成

在 GW 理论中，一个基本的假设是，信息加工系统中存在大量的无意识加工单元，这些无意识加工单元帮助我们以自动化的方式应对很多熟悉的事件，如熟练的动作技能、知觉、语义加工、情绪加工等，这些加工是高度模块化的。而在面对新异刺激时，往往需要将数个无意识加工单元统合起来进行工作，这时就需要某种机制来整合无意识单元之间的工作，使信息可以在各种不同的无意识单元之间流通。这个机制就是全局工作空间（global workspace），它也是 GW 理论的核心概念。除了全局工作空间，另外两个关键成分是特化处理器（specialized processors）和背景（context）。

特化处理器是一种无意识的自动化系统，某一特化处理器只执行某一特殊功能，如人脸识别、视觉系统、特定肌肉群的运动控制等。特化处理器系统本身以递归关系组织，即一个特化处理器可以由多个较低级的特化处理器构成，同时其自身又可以是一个更高级的特化处理器的组成部分，这样特化处理器系统可以根据需要被解构和重组。特化处理器的工作方式是高度定型又高效的，其本身不被意识到。当很多特化处理器组织起来，对全局工作空间中的内容进行无意识的、较为固定的控制时，这一组特化处理器就形成了背景。背景是限制意识内容但本身不被意识到的系统，它表现为过去经验对现在意识体验的影响。知觉、表象、运动控制、学习以及概念加工等几乎所有心理加工过程中都有背景的作用。

特化处理器和背景只能以无意识的方式工作，他们之间的整合需要全局工作空间的参与。很多特化处理器信息加工之间会进行竞争，胜出者进入全局工作空间，进入全局工作空间的信息可以向其他特化处理器及背景"广播"（broadcasting），从而达到不同模块之间的信息交互。只有进入全局工作空间的信息加工过程可以被意识到，即全局工作空间是意识系统中唯一能被意识到的部分。

7.1.1.2　意识系统的工作方式

意识与无意识可以相互转化。特化处理器的内容可以进入全局工作空间从而被意识到，而全局工作空间中的内容可以广播到特化处理器和背景从而影响无意识加工，这一时刻的意识经验可以影响一系列的特化处理器的工作，从而形成新的背景。特化处理器和背景以高度自动化的方式工作，即多个过程可以平行进行，加工容量没有限制。而全局工作空间只能以系列加工方式工作，加工容量有限。我们可以从工作记忆容量和注意资源的有限性来了解全局工作空间的工作方式。

无意识单元以平行、自动化的方式工作，可以快速应对很多熟悉的、惯常的刺激。但无意识单元的活动是高度定型的，只能以固定的方式处理固定的刺激。当新异事件或较为困难的任务出现，需要整合多个特化处理器的工作，这时就必须通过全局工作空间的活动的"广播"使得多个无意识单元之间建立新的联系，经过多次练习或重复，可以形成新的特化处理器，修正原有背景。这时，原先的有意识加工可以变成无意识加工。

在 GW 理论中，核心的假设是意识可以促进大脑各个独立功能模块之间的广泛的"通达"（access）[311]。全局工作空间理论认为，在任一给定时刻意识中心只能有一项内容占优势，同时由于与无意识单元之间持续不断的信息交互，就形成了全局工作空间流动而短暂的存储容量（fleeting memory capacity）[309，312]，这揭示出意识内容不断发生动态变化的特点。

有很多证据支持 GW 理论，其中大量的意识与无意识对比研究 [311—313] 不仅给出了无意识过程存在的确凿证据，而且支持无意识加工影响意识加工的的观点。如阈下启动 [314，315]、内隐认知 [35，316，317] 等现象，都说明如果没有全局工作空间的活动，信息加工只能以无意识的方式进行，并且，意识加工可以转化成无意识加工，如自动加工的形成过程 [318]。

7.1.2 GNW 假说

Dehaene 等提出了与大脑神经机制结合更为紧密的全局神经元工作空间假说 [310]。Dehaene 等在承认大脑存在大量模块性的特化处理器的前提下，认为在执行复杂新异任务或多个特化处理器的加工之间发生冲突等情况下，大脑需要以一种超越无意识的模块性的功能结构进行控制加工（control processing），它可以在已经存在的特化处理器之间建立新的联系。很多认知理论在这点上是一致的，如 Baddeley 的中央执行器（central executive）[319]，Posner 的前端注意系统（anterior attention system）[320]，Baars 的全局工作空间理论（Baars 1998），以及 Tononi 和 Edelman 的动态核（dynamic core）[321] 都具有这种超越模块性进行控制加工的特点 [310]。

7.1.2.1　GNW 假说的基本框架—工作空间
框架（workspace framework）

Dehaene 等将工作空间（或全局工作空间）定义成一个分布式的神经系统，其内部的长程连接使得多个专门化脑区能够以协同化的方式运作。原先并不直接交互信息的无意识模块系统可以通过这个分布式的神经系统相互"沟通"，这种沟通依赖于工作空间神经元（workspace neuron）之间以及工作空间神经元与无意识模块之间的长程连接 [310，322]。

工作空间是一种神经元活动方式而非对应于某个特定的神经组织。信息加工是否进入意识，取决于两个条件：一是这个信息必须以足够活跃的方式被某神经元集群（特化处理器）表征；二是在这些神经元集群和工作空间神经元之间必须存在双向的长程连接，从而形成一个能维持一段时间的封闭环路。这个环路具有自放大（self-amplifying）的特点，即活跃的工作空间神经元发出自上而下的放大信号促进处理器神经元的活动，同时处理器自下而上的信号又会反过来维持工作空间的活动。注意的过程就是工作空间神经元对特化处理器神经元活动的"放大"过程。如果没有这种自上而下的促进，特化处理器的活动只能维持很短的时间，不能形成自我放大的封闭环路，也就不能被意识到。工作空间的这种活动方式本身不依赖任何监控机制，只是会受到无意识背景的影响和调节，类似于 Baars 所说的无意识背景对意识经验的"塑造"（shape）作用 [309]。

在这个工作空间框架下，意识过程可以分为两个阶段 [322]：第一个阶段是刺激引起特化处理器自动加工，这是一个自下而上的"前馈"（feed-forward）加工过程；第二个阶段，工作空间神经元的"反馈"（feed-back）信号引起了快速的信息全局化（globalization），使信息迅速"广播"到各无意识单元，无意识背景的调节开始起作用，并形成自放大环路，信息就被意识到了。其中第一个过程是自动化的无意识过程，第二个过程是容量有限的控制加工过程。当一个工作空间形成时，会形成一定时间内的容量"瓶颈"，阻止其他信号进入工作空间。这个框架很好地解释了注意瞬脱、非注意盲［323，324］等无意识现象。

全局神经元工作空间假说得到了实验的支持。掩蔽刺激引起的感觉皮层的活动显著弱于非掩蔽刺激，且掩蔽刺激不能激活前额叶和顶叶皮层。而当一个刺激能够被意识到时，总是伴随着感觉皮层的活动的持续加强、前额叶和顶叶皮层的激活以及多个脑区如额叶、顶叶和扣带回之间连接加强［325］。全局神经元工作空间很好地模拟了这些实验结果。

某些内部加工过程，如神经元之间的解剖连接或者记忆的巩固过程，因为其表征是潜伏的、不活跃的，因而无论如何努力都不能被意识到。而空间忽视症病人虽然初级视觉加工完好，但因为枕颞视觉通路与工作空间神经元之间的长程连接受损，少了注意的放大作用和相关脑区的长程连接，所以枕颞视觉通路的活动只能维持很短的时间，自然不能意识到受损侧视野内的刺激［326，327］。

Dehaene 等还指出，这个分布式的全局工作空间至少由五种神经系统参与［310］：知觉回路（感知环境），运动回路（行动准备及执行），长时记忆回路（提取过去工作空间状态的信息），评价回路（根据过去经验对当前信息赋予效价）和注意回路（或称自上而下回路，功能在于选择一定的信息）。其中与运动和语言系统的联系使得个体可以报告工作空间中的内容（即意识内容）。

7.1.2.2 意识产生的神经机制——前额叶和扣带回前部的重要作用

全局工作空间是一个分布式的神经系统［310］，工作空间神经元分布在许多脑区中，他们之间靠长程交互连接（long-distance reciprocal connections）协同工作［322］，这些工作空间神经元可以存取信息并保持信息的持续活跃，将其"广播"到其他处理器。在任一给定时刻，由其中一部分神经元组成一个动态的工作空间。意识的内容由参与其中的特化处理器决定。但同时不管意识的内容是什么，凡被意识到的加工过程又有着共同的机制，即多个互相分离的脑区的协同活动形成一个单一的、分布广泛的工作空间。

已经有大量的证据表明了意识内容和特化处理器之间一一对应的关系。如专门负责人脸识别的 FFA（fusiform face area），负责运动知觉的 V5 区等等。对于不同的意识内容，全局工作空间在脑区上有着不同的分布，从而形成一个动态的分布式神经系统。

虽然全局神经元工作空间并不是一个固定的神经网络，但工作空间神经元在某些脑区（额叶和顶叶）特别密集，从而使得这些区域在意识涌现上有着特别重要的地位。无论意识的内容是什么，这些部位的激活总是伴随着意识的产生。这些部位参与了伴随意识加工的自上而下的"放大"过程。前额叶（PFC）和扣带回前部（ACC）就是这样的区域。

神经生理学的证据支持 PFC 和 ACC 在全局工作空间中的作用。长程突触连接主要来源于二、三层的椎体细胞，而前额叶背外侧和顶叶下部的皮层结构中二、三层细胞层特别厚［328］，支持 PFC 和 ACC 中全局神经元特别多的假设。

由于各种实验的任务设置和实验方法的区别，各项研究发现的意识相对于无意识的激活区并不统一，但大多集中在额叶、顶叶等高级联合皮层［311］。其中，PFC 和 ACC 的活动总是伴随着复杂的、需要心理努力或者解决冲突的任务中，而一旦经过多次练习，任务可以自动化时，左侧 PFC 和 ACC 的激活便会消失［329］。在意识与无意识的对比研究中，PFC 和 ACC 的激活总是伴随着意识的出现，同时出现的还有 PFC、ACC 与其他区域如感觉联合皮层之间的连接加强［330，331］。PFC 和 ACC 还都具有在没有外界刺激时仍然保持活跃的能力，如延迟反应任务［330—332］，或心算任务［333］等内部驱动的活动。这种自我维持的长时间神经发放在上面提到的五个回路中也都存在。前额叶损伤的病人可以完成自动化的任务，但对那些需要意识参与的任务，如外界信息的持久表征、自发的意愿性行为等，则表现出明显的缺陷 [310]。这些都符合全局神经元工作空间的假说。

　　研究表明，猴子大脑中存在一个将前额叶背外侧和前运动皮层、颞叶上部、顶叶下部、扣带回前后部以及新纹状皮层、海马旁回和丘脑连接起来的长程的交互连接网络 [334]。在人类个体脑中也很有可能存在这样的连接模式，且这种联系可能就是全局工作空间的五个回路之间的连接的神经基础：顶、颞区对应于知觉回路；前运动皮层、辅助运动区和后顶叶皮层，包括基底结、小脑和言语产生回路（左侧额叶下部）负责运动和言语报告，海马区参与长时记忆提取；额叶鼻侧皮层，扣带回前部，视丘下部、杏仁核、纹状体等参与评价回路，顶叶和扣带回参与注意的选择机制。这些回路间的一致性活动与工作空间的活动方式相符 [310]。

　　Baars 的全局工作空间是一个为了解释意识现象而提出的认知结构，它更加注重其功能上的解释，而不是实际的大脑工作方式。而 Dehaene 等的全局神经元工作空间假说直接以神经元活动方式来诠释意识的机制，并且从目前来看，得到了大量认知神经科学研究结果的支持，根据这个假说构建的全局神经元工作空间模型很好地模拟了注意盲 [323]、注意瞬脱 [325] 等意识现象。越来越多的证据表明意识涌现与神经元的全局工作空间模式有直接关系，其中，额叶、顶叶皮层以及扣带回等高级皮层对全局工作空间内自上而下的"放大"过程有着重要的影响。到目前为止，还没有确凿的证据能说明某高级皮层与全局工作空间的一对一的关系，但前额叶皮层和扣带回前部很可能在其中有着非常重要的地位。

　　然而，脑并不是一个仅对外界刺激起反应的机械的刺激—反应装置，除了应对外界刺激，个体还可以进行独立于外部环境的内源性信息加工。随着近年来针对内源性信息加工过程（包括自发认知）研究的增多，全局神经元工作空间假说等意识理论已经开始将以内源性信息为内容的意识加工考虑了进去，比如在 GW 理论和 GNW 假说中，都承认长时记忆系统的信息可以作为全局工作空间的一个输入端口 [309，328]。Dehaene 提出的模型将全局神经元赋予了自发活动的特性，认为这种自发活动的特性使得我们的意识流不会中断，从而可以解释部分心智游移的特征 [335]。但这两个理论并没有系统讨论对于内源性信息的意识加工和外源性信息的意识加工在机制上的可能区别。现在，对心智游移现象和人脑默认网络的广泛关注，为探究人类个体独立于环境刺激的内部认知过程以及相应的意识机制提供了线索，研究者应该充分考虑内源性意识体验的独特性，并在意识理论中给予内源性意识加工应有的地位。

7.2　心智的无意识活动[①]

意识具有串行加工的特点，其内容具有流动性且转瞬即逝。大脑强大的并行加工能力体现在无意识活动上 [336]，这一观点得到了大多数心理学家或神经科学家的认可。比如，Dehaene 等认为，在任意时刻，都存在着大量的模块化的皮层网络以并行的方式进行无意识加工 [310]；在 Baars 提出的全局工作空间理论中，意识系统中除了其中一个全局工作空间外，另外两个部分都是无意识的，即背景和特化处理器 [309]。Koch 和 Crick 也认为，存在无意识的庞大体系是不争的事实，他们将那些由无意识系统参与的过程称为 zombie（刻板模式），zombie 能够快速高效地处理大量定型化的日常事务 [337]。

无意识可以是一种意识状态，也可以是一种心理加工过程。有人

---

① 这一部分原文收录在《语言与认知研究（第四辑）》，社会科学文献出版社 · p. 101—128. 已在原文基础上作了修改和补充。关于无意识活动，还可参见唐孝威所著《心智的无意识活动》一书（2008，浙江大学出版社）。

认为可将无意识定义为一种缺乏意识的状态，认为当我们不清醒且没有做梦时，我们就处在一种无意识的状态 [338]。或者像 Morin 说的那样，无意识作为意识系统的最低层次，指的是一种对自我及环境无反应的状态 [339]。而 Baars 将无意识事件定义为那些被试不能准确报告但确实存在的过程 [340]。Koch 则将无意识活动定义为那些任何未通达（access）有意识感觉、思想或记忆的神经活动 [337]。

在本书中，我们仍然在觉知这一维度上划分有意识与无意识。伴随觉知的意识状态和意识过程我们称之为意识，而无意识则指那些不能被我们觉知的信息加工过程，也指那些不伴随觉知的意识状态。即，无意识状态下个体没有主观体验，没有觉知内容；而那些没有达到觉知水平但确实存在的信息加工过程就是无意识加工过程。虽然不能被觉知，但无意识加工可以影响个体行为，并且如 Koch 和 Crick 所指出的那样，必定表现为某种形式的神经活动。人类个体的学习能力和储存知识的能力是巨大的，但在一定时间内我们能意识到的信息十分有限（仅限于当前在工作记忆中表征的信息），大量知识的表征要靠无意识过程保持。这些信息的表征不是静态的，而是一个随时间不断变化的动态的过程。记忆是一个建构而非贮存的系统，新的经验不断被整合进旧的知识体系，因而整个长时记忆系统中的信息每时每刻都在不断地修正和改变中，也因此产生了广泛的错误记忆的现象 [341]。这些动态的过程不为我们觉知，但有可能以某种方式影响我们的行为，或是以心智游移的方式闯入我们的意识。容量有限的有意识加工之所以能够顺利进行，离不开大量的无意识的幕后工作。从这个角度讲，无意识活动是有意识活动的庞大背景 [340]。在某一时刻进入意识中心的只是这个庞大背景中的一小部分。

除了长时记忆的动态表征是无意识的以外，个体还可以对某些强度不足以引起觉知的刺激进行无意识加工，这种加工可以影响随后的觉知任务，即我们通常所说的阈下启动效应。有时我们意识到了刺激的物理特征却不一定对刺激背后的规律有觉知，而这种规律可以得到无意识加工并被个体掌握，这就是内隐学习的现象。盲视的病人对受损侧视野内的物体不能觉知，但行为反应却表明这些物体的信息得到了加工 [342]；忽视症的病人不能觉知某一相对空间位置（通常是左侧）内的物体，但同样可以对这些物体作出反应 [326]。此外，无意识加工同样可以反映在加工的时间特性上，实验证明在个体觉知到运动意图以前，大脑已有相应神经活动。提示在觉知之前，无意识加工已经开始 [343]。还有一些更为宏观的无意识现象，如在社会心理学层面，个体之间的情绪传染和行为模仿就来自无意识加工，一个群体中一个人打哈欠，可能会有很多人跟着打哈欠，而我们对这些"传染"现象并不觉知，这被称为无意识心理模仿 [344]。

7.2.1　无意识的种类

在无意识体系内部，同样是不被觉知到的心理活动，也有着不同层次和种类。从无意识过程是否由外界刺激引起，我们可以把无意识分为反应的无意识过程和自发的无意识过程。反应的无意识过程是近年来无意识实验研究的热点，主要指的是那些即时外界刺激（视觉、听觉、触觉等）的信息受到了加工但个体无觉知的信息加工过程。说它们是"信息加工过程"，是因为它们虽然不被个体觉知但可以引起相应的神经活动。比如阈下加工（subliminal processing）、非注意盲、内隐认知等。关于这一类无意识加工，Dehaene 等曾作过进一步的分类 [345]。一类是阈下加工，即因为刺激强度不足以引起意识觉知而形成的无意识加工过程。另一类是前意识加工（preconscious processing），指的是因为没有得到注意而非刺激强度不足造成的无意识加工，这一类无意识加工在有注意的情况下可以转化为有意识加工，因而他们是潜在可通达的（potentially accessible），非注意盲和注意瞬脱现象就属于这一类情况。区分不能觉知的原因是有必要的，刺激强度不足和没有得到足够的注意是两种不同的原因，它们引起的神经活动也有区别 [345]。

　　自发的无意识过程指的是那些不是因为当时的外界刺激引起的无意识加工过程，错误记忆现象就是一个非常好的例子［341］。错误记忆的现象说明，长时记忆信息在人脑中的表征不是静态的存贮，而是一个不断变化的动态过程，这些动态的过程都是不被我们觉知的。睡眠过程中的信息加工也是一种与当时的外界刺激无关的自发的无意识加工过程。已有证据表明睡眠不仅是一个休息的过程，同时也是对白天的信息进行积极整理和巩固记忆的过程［346］。还有我们每个人都可能会经历到的突如其来的灵感和创造性，其中不乏那些看似与当时的外界刺激毫无关系的"怪念头"，这些心理活动也来源于无意识过程。总之，我们的大脑无时无刻不在进行信息的获取、整理、传递等加工，它可以是对过去信息的再整理，也可以是对未来的规划，这些过程很大程度上都发生在无意识的层次。

　　我们还可以根据主体的状态将无意识现象分成常态的无意识和病理的无意识。常态的无意识指的是心智正常的个体内部进行的无意识加工，如非注意盲、注意瞬脱、内隐认知等与有意识过程平行进行的无意识加工。而病理的无意识指的是个体在特殊的意识状态下进行的无意识加工，这时他们在意识觉知受到损伤的情况下仍能进行无意识加工，如植物人和麻醉病人的无意识加工、大脑受损造成的忽视症和盲视现象等。

　　当然对于无意识的分类还可以有其他的方法，比如 Baars 把无意识过程分成特化处理器和背景，这是从与意识加工的关系上来看待无意识的［309］。特化处理器是一些高度专门化地处理外界信息的结构，而背景是一些可以影响意识加工但本身不被意识到的过程。此外，作为与意识紧密相连的两个维度，觉醒与觉知可以分离，觉醒但不觉知（如植物状态）与觉醒觉知都缺失（如昏迷、麻醉、深度睡眠）也是两种不同的无意识状态［285］。

7.2.2 有关无意识加工的实验研究

在实验条件下研究无意识现象使得无意识过程作为一个科学现象得到客观的研究。在这一部分我们根据无意识加工的主体是否受到脑损伤或药物作用而改变意识状态，分别介绍常态下的无意识研究和病理态的无意识研究，也包括针对反应的无意识和自发的无意识现象的实验。

7.2.2.1 常态下的无意识

对于反应无意识的研究，通常用对比分析（contrastive analysis）的方法来观察对刺激的觉知和不觉知之间的差别，尤其是在神经活动上的差异 [311]。意识的产生和两个阶段有关，感觉皮层的活动为初级阶段，而其他联合皮层等更高级区域的加工为次级阶段 [347]。意识内容的产生需要感觉皮层，但仅有感觉皮层的活动是不够的，没有顶叶和额叶的参与，觉知不能产生 [310，348]，大量的实验发现：不被觉知到的刺激只能引起局部的感觉皮层的活动而被意识到的刺激引起的激活却可以扩展到额顶叶皮层 [340]。

经常用阈下启动的研究范式来证明信息加工可以在无意识层面进行。常用的方法是用快速呈现并随后呈现掩蔽刺激的的方法控制刺激的觉知水平，使得刺激不能被觉知，在随后的测验中，观察先前刺激对后来任务的影响。已经得到证实的阈下刺激加工可以发生在多个水平，包括知觉、语义和运动水平 [310]。实验发现，阈下刺激可以促进个体在随后的任务中对同样刺激的反应，即重复启动效应 [314]。当阈下刺激与随后任务中的目标刺激不一样但是有语义关联时，启动同样可以发生，说明无意识加工可以发生在语义水平 [349]。在一个实验中，被试的任务是判断目标刺激（数字）是否比5大，当先前以阈下方式呈现的数字和5的关系与目标刺激一致时，反应会加速。而且，对阈下刺激的加工不仅发生在语义水平（是否比 5 大），还发生在运动准备水平。被试的任务是当目标刺激比 5 大时用右手按键，当先前呈现的阈下刺激也比 5 大时，在运动皮层表现出与目标刺激比 5 大时类似的反应。即对不能觉知的阈下刺激，个体不仅可以进行语义水平的加工，大脑还能自动做好运动的准备，而这些过程都发生在无意识水平 [349]。类似的结果还表现在对刺激的控制感上，阈下呈现的刺激可以影响被试对未来出来的刺激物的预期，并引起控制错觉 [315]。在另一个实验中 [350]，当目标词与先前阈下呈现的刺激相同时，目标词引起的皮层激活强度会减小，且不管阈下刺激和目标刺激的外形（大小写形式）是否一致，都会出现这种阈下刺激抑制效应，说明阈下刺激引起的皮层抑制效应是独立于刺激的物理特征的，达到了语义水平。这个实验部分揭示了阈下启动的神经机制，即启动的发生部分是源于相同神经活动的习惯化，表现为神经元活动强度的降低。

　　阈下刺激还可以引起情绪加工 [351]。在一系列的中性情绪表情的人脸刺激中，短暂呈现一个恐惧情绪人脸并用掩蔽刺激进行掩蔽，发现在杏仁核部位，被掩蔽的恐惧人脸引起的活动要显著高于中性情绪人脸，而杏仁核是与情绪加工有关的重要结构。更直接的证据来自于开颅手术中植入电极的数据，发现阈下情绪词汇引起杏仁核的长程电位变化 [352]。还有实验发现了阈下情绪刺激（如恐惧情绪人脸）引起早期脑电变化，且与阈上情绪刺激引起的脑电成分有显著差异，说明情绪加工存在早期的自动化的无意识成分，区别于后期有意识加工成分 [353]。

　　内隐学习又称为无意识学习 [35]，与阈下刺激引起的无意识加工不同，内隐学习发生在对刺激本身有意识但对刺激背后的规律无意识的情况下。内隐学习的发生是因为人类个体具有强大的无意识联合学习机制（unconscious associative learning mechanism）。经典的内隐学习的证据最早来自于 Reber 的人工语法学习。被试记忆一系列字母串，这些字母串是根据某一套规则组织起来的，这套规则就是人工语法。尽管被试不能说出这套规则是什么，但被试可以准确地判断新的字母串是否符合刚才的规则。实验说明被试习得了那些他们自己也不知道的规则，习得的过程是无意识的 [316]。在变量学习和反应时序列学习任务中也都发现了相似的结果，即个体无意识地习得了复杂规则 [317]，并能将之运用于新的情景。内隐学习的这种可迁移性和持久性与阈下启动是不同的。

前面的例子都来自反应的无意识，即针对即时刺激的无意识加工。我们还可以从另一个角度研究无意识加工，即无时无刻不在进行的无意识加工过程，它们可以源于先前的刺激，但在时间上已经较为久远，可以认为这种无意识加工是独立于即时外界刺激的，即自发的无意识过程。这种自发的无意识过程和心智游移有着更为直接的联系。

与上面列举的从较为初级的水平研究无意识加工的实验不同，在更高级更复杂的信息加工水平上，如决策，也可以发生在无意识水平 [140，354]。本书的第四章专门论述了无意识思维在解决复杂问题中的优势，即个体在受到干扰而不能进行有意识地仔细思考的情况下做出的决策要优于专心致志思考后作出的决策。在一个实验中，被试的任务是在五幅艺术画中选择一幅最喜爱的。选择情景分三种，第一种是立即决策，第二种是经过一段时间的仔细思考后决策，第三种为在经过相同时间的干扰任务（拼图）后决策。这一类实验的基本逻辑是，在受到干扰的过程中，个体虽然不能有意识地思考，但仍然可以在无意识水平对之前的信息进行加工。结果表明，第三种情景下进行决策的被试事后对自己的选择更为满意，即在无意识思考后作出的决定要优于在深思熟虑后作出的决定 [354]。我们不能从这个实验结果中得出无意识加工和有意识加工孰优孰劣的结论，但可以推论的是：首先，无意识加工过程肯定存在，并且在初始刺激呈现之后的时间内持续不断地进行；其次，基于无意识加工过程的决策有着与有意识加工过程不同的特点。

研究表明，个体的联系记忆（relational memory）可以进行"离线"加工 [355]。在实验中被试先学习五个前提命题（A > B，B > C，C > D，D > E，E > F)，其中包含着一个被试不知道的隐含的逻辑关系（A > B > C > D > E > F)。经过不同的时间间隔后，检测被试是否习得了这种隐含的逻辑关系（B > D，C > E，B > E)。各不同时间间隔组的被试对五个前提命题的保持率没有差异，但对隐含逻辑关系的推理判断成绩出现显著差异。其中 12 小时组和 24 小时组显示出高于 75%的正确推理能力，而 20 分钟组没有这种效果。此外，如果在间隔时间内包含睡眠过程，那么推理能力将进一步提高。需要强调的是，在间隔时间内，被试没有进行刻意的复述和再学习。说明这种对隐含逻辑关系的学习是随时间发展进行的，且被试对此并不觉知。另有实验表明，对于命题之间关系的学习可以在缺乏觉知的情况下发生，学习之后的推理成绩与被试对这种推理知识的觉知没有关系 [356]，被试可以在对逻辑关系毫无觉知的情况下表现出推理能力，即这种知识的获取可以在无意识的情况下发生 [357]。

类似的现象也发生在运动技能的获取上。我们学习复杂运动技能时，在最初阶段通常会将复杂动作分解，但经过一段时间后，我们就能够自动地将这些分离的部分整合成一个完整的运动－记忆程序，这些过程都在没有复述的无意识情况下自动完成 [358]，且在技能训练结束后包括睡眠阶段的时间里，一些高级联系和扩展到其他运动－记忆表征的能力能够得到加强 [359]。此外，离线加工还可以促进新近学习的复杂声音模式之间的关系提取，同样，这些过程也是无意识的 [360]。

在这类情况下，虽然对学习材料本身是有意识的，但对学习材料背后的关系的获取过程却是无意识的，这就是内隐学习。内隐学习不仅仅发生在任务执行时，在任务完成后的时间里，内隐学习还可以持续不断地进行。当我们没有刻意进行某项活动时，对信息的巩固和整理仍然可以在无意识层面继续进行，甚至在睡眠中也是如此。

就像本书第四章中论述的那样，睡眠过程中个体的脑也是十分忙碌的，无论是快速眼动睡眠还是慢速眼动睡眠，脑都在进行信息的整理、巩固工作，无论是大鼠还是人类，都能从睡眠中获得知识或技能的提高 [146，346，361，362]。尤其是慢波睡眠过程中发生的信息加工，更是睡眠中持续进行的无意识活动的直接印证。

慢波睡眠通常被认为是一种无意识状态，个体在此时对外界的刺激无觉知，且很难被唤醒。但此时个体大脑仍在进行积极的工作，除了第四章中提及的在慢波睡眠过程中发生的记忆巩固外 [146]，脑在这一过程中也并非对外界刺激一无所知。当个体在清醒时完成卡片位置记忆任务时，给以某种嗅觉刺激（如玫瑰香气），那些在慢波睡眠中接受相同嗅觉刺激的个体，其海马活动程度提高，且第二天的测试成绩更好 [363]。说明记忆可以通过睡眠中的"线索"得到加强，在这里这种"线索"是某种与白天学习时相同的刺激。这个研究也说明了海马在个体记忆巩固中的作用，即新的记忆向长时记忆转变的过程中，海马起到关键的作用，而海马的这个工作在睡梦中也没有停止。这个结果强有力地支持了无意识过程无处不在无时不在的假设。

总之，我们的大脑可能从未真正休息，哪怕在睡眠中，也在进行积极的工作，但这些工作相当程度上都在无意识层面上完成。在无意识系统中，自发的无意识过程可能成为心智游移的重要来源。

7.2.2.2　来自神经心理学的无意识活动的证据

（1）盲视（blindsight）与忽视症。盲视现象最早发现于1973年 [342]。四个视皮层受损的病人不能觉知受损侧视野内的物体，但却可以对其作出反应。盲视病人的大脑损伤往往在枕叶皮层的初级视皮层，造成盲视病人对出现在特定视野范围内（受损侧枕叶脑区对侧）的物体不能觉知，但对这些物体却保留了相当程度的无意识加工。比如，一个著名的盲视病人 D. F.，她不能看见受损侧视野内信槽的方向（水平或垂直），但却可以准确地将信塞进信槽。当灯灭时，她就不能完成这个任务。说明 D. F 完成投信的任务是依赖视觉，此视觉加工直接影响行为，却不能被觉知。此后盲视现象不断得到验证和研究，证实了无意识加工不仅可以针对阈下刺激或注意力不足的情况，在意识觉知之外，另有一条加工通路可以指导行为反应 [310]。这条通路可能是皮层下的，使得个体可以应对那些与种系生存密切相关的刺激，比如人脸、蛇、蜘蛛等刺激，作出快速反应。这条通路由进化而来，它只抽取较低的空间频率，为生存提供快速的无意识反应 [364]。例如，情绪性的人脸刺激可以引起盲视病人杏仁核活动的改变，虽然此时被试对刺激没有觉知 [365，366]。

忽视症是一组与空间注意能力受损相关的症状，表现为同时呈现在左右两侧的刺激的一侧无觉知，比较常见的是右侧顶下小叶受损造成左侧空间注意受损。忽视可以表现在多个通道内，虽然以视觉通道的单侧忽视较为常见。与盲视病人不同，忽视症病人的觉知缺失并不是发生在初级感觉加工水平，而是注意选择的水平，通常忽视症病人的选择出现了高度偏向性 [326]。因而对忽视症病人而言，一个刺激是否被觉知往往取决与这个刺激与周围其他刺激的关系，即这个刺激在空间中的相对位置决定了它的觉知水平。很多实验都证实了被忽视的刺激仍然可以获得无意识加工。在图—词启动实验中 [367]，忽视症病人对忽视侧图片的检测率维持在随机猜测水平，但对随后出现的与前面呈现的图片有语义关联的词汇进行词汇判断任务（即判断是否为真词）时，左右两侧的语义启动量却没有差别，说明尽管不能进行意识觉知，但忽视侧的图片确实得到了语义水平的加工。还有实验表明，左侧忽视的病人对双侧刺激的报告（即刺激出现在任何一侧都按键）要快于对右侧刺激的报告，尽管被试并不能觉知到左侧刺激，也不知道这两类实验有何不同，并报告说只能看到右侧的刺激，说明此时被试对忽视侧（左侧）的刺激进行了无意识加工 [368]。还有很多实验证实了出现在忽视侧的刺激可以对非忽视侧的刺激有启动作用，且这种启动可以发生在颜色、形状甚至语义水平 [326，368]。

忽视症与盲视有着类似的表现，两者对某视野范围内的物体都不能觉知，对受损侧视野范围内信息都能进行无意识加工。但两者也有许多不同。盲视的研究重点在于为什么初级视皮层受损仍然可以保留对相应刺激的加工，即为什么盲视病人能够"看见"；而忽视症的研究重点在于初级视觉通路完好的情况下个体为什么看不见。虽然神经机制不同，但针对忽视症和盲视病人的研究都表明，不能觉知的物体仍然可以得到无意识加工。

（2）注意在意识中的作用－忽视症、非注意盲与注意瞬脱。从忽视症的病例中也可以反映出意识与注意之间的关系，即一个刺激是否被意识到除了刺激强度这个自下而上的影响因素外，还决定于个体的注意水平和注意选择性。在这点上忽视症和正常个体身上出现的"非注意盲"现象有类似之处 [369]，即当刺激没有受到个体注意时，往往不会引起个体的觉知，此时对非注意刺激的加工在无意识水平，实验发现没有被注意到的刺激可以影响随后的词干补笔和再认任务，证明非注意刺激得到了无意识加工。以上是空间注意的选择性造成刺激不能被觉知；在时间上，注意也具有类似的效果。注意瞬脱（attentional blink）现象是个很好的例子。注意瞬脱现象指的是，当两个刺激在时间上靠得很近时，对第一个刺激的加工会阻碍第二个刺激的加工，使得对第二个刺激的加工不能达到觉知水平，但却可以得到无意识加工 [324]。

这些现象说明，个体的注意状态会造成大脑对同一个刺激有非常不同的反应，未被注意到的刺激的加工维持在无意识水平，但也可以对后来的行为产生影响。

（3）其他病理态无意识现象。人脸失认症（prosopagnosic）病人不能识别人脸，是一种选择性的知觉缺失。但用事件相关电位技术却发现患者对熟悉的人脸和不熟悉的人脸有不同的反应 [370]。虽然病人报告不能识别熟悉的人脸，脑电信号却显示可以反映知觉加工的 P300 对熟悉人脸的反应要更短且幅度更大，同样的结果也反映在皮肤电位

的变化上 [371]。

裂脑人（split-brain patient）是指那些因为某种原因被割裂左右大脑半球间联系的病人。在裂脑人身上发现了很多耐人寻味的现象。比如，裂脑人可以报告右侧视野中的物体，但却声称看不见左侧视野的物体，原因是右脑没有言语表达的能力。但裂脑人却可以顺利地把左侧视野中的物体画出来，或者通过行动完成左侧视野物体的匹配以及其他一些简单的操作 [372]。裂脑人不能通过言语觉知到左侧视野中的物体，但其行动却反应出左侧视野也得到了加工。这里涉及语言和意识之间关系的问题，还有待研究。但可以确定的是，行为和觉知可以分离。那些不能通达意识但却表现在行为反应上的加工，很可能与无意识加工有密切的联系。

植物人通常表现为有正常的觉醒－睡眠周期，虽然保留一些低级反射，也有某些自发的流泪、呢喃等行为，但对外界刺激无行为反应也无主动行为。通常认为植物人处在一种无意识状态。同时，近年来的研究表明，植物人大脑的某些区域仍然保留着部分功能 [373]。比如，植物人的感觉皮层对感觉刺激有反应，但因为额顶区受损，觉知也不能产生，这在 Laureys 的一系列实验中都得到了证实，在额顶区受损的植物病人身上发现了其听觉皮层和体感皮层分别保留了对听觉刺激和体感刺激的初级加工，但不伴随意识觉知 [374，375]。最新的实验表明植物人能够进行更复杂的语义加工。在一项研究中报道了一个 23 岁因脑外伤导致的植物人的案例 [376]。当给她听句子时，其专门加工口头语言的脑区有激活，并且当呈现的句子中有同音词时，与语义加工有关的左侧额叶区激活。说明她在无觉知状态下仍能进行语义加工。更有趣的是，这个植物病人还能根据指导语进行心理表象。当要求她"想像正在自己家中观察自己的房间"或"想像自己正在打网球"时，其大脑的激活模式与正常人完成这两个任务时很类似，一些经典的与视觉表象和运动有关的脑区被激活。上述实验引起了关于植物人到底有没有意识的争论 [377]。但就植物人没有主动行为、对外界没有行为反应这两点来看，植物人是没有觉知的。以上实验说明了，即使是在没有觉知的植物人身上，仍在进行信息加工。我们认为这些加工属于无意识加工。

无意识加工还可以体现在麻醉病人身上。麻醉通常伴随感觉和意识觉知的缺失，虽然目前对麻醉状态是否是绝对的无意识尚有争议，但一般认为麻醉属无意识状态。麻醉状态下的个体是否仍然有学习能力？就目前的证据来看，知觉启动而非概念启动，在意识觉知缺失状态下是可以发生的［378］。

7.2.2.3　Zombie 与自动化程序

如上所述，已有确定的证据表明，个体的部分感觉运动系统可以在缺乏意识觉知的情况下工作。这些不需要意识觉知参与就能发挥功能的系统被称为"Zombie"（刻板模式）［337］。大脑中有大量的"zombie"模式（zombie modes），它们能够自动应对很多常规情景（即非新异刺激）。个体可以对"zombie"控制下的行动有意识，但往往是通过回顾而非即时的觉知。

我们可以通过区分"为知觉的视觉"（vision for perception）和"为行动的视觉"（vision for action）来证明 zombie 与觉知是两个独立的系统。例如，被试坐在黑暗的房间中，注视并用手指指向一个光点，在视野的外围会有另一个光点出现，被试的任务是尽快将注视点和手指都移向那个新出现的光点。当被试的注视点转移的过程中，新的光点会产生一个微小的平移。实验证明，尽管被试可以毫无困难地完成这个任务（即快速地调整注视点和手指的位置以使最后注视点和手指可以准确地落在平移后的光点上），但被试对这个平移本身毫无觉知，对自己的手指和注视点做的调整也没有觉知［337］。在 Castiello 的实验中也观察到类似的实验结果［379］。实验中被试的任务是抓取目标刺激，实验条件下被试的抓取动作发起后，目标刺激的位置会发生偏移，被试必须调整自己的运动轨迹才能顺利完成任务，并且当意识到目标刺激发生偏移时要立即报告。控制条件下被试的抓取目标不发生偏移。结果显示，与控制条件相比，实验条件下被试的运动轨迹有更早的加速峰值，并且，口头报告比运动轨迹的调整晚了300ms。说明在觉知之前，对运动矫正的加工早已开始，这些加工就是一些自动、快速反应的感觉运动系统的无意识加工。

自动化加工还可以通过眼动指标表现出来。在一个实验中，被试的任务是报告文本中的错误，错误分为词内反转和词间反转。词内反转即组成一个词的字或字母的顺序颠倒，而词间反转指句子中词与词的顺序颠倒。实验发现，当被试发现错误时，对目标词的注视时间这个指标上，词间反转要高于词内反转，有趣的是即使被试没有发现错误即漏报时，这种眼动模式仍然存在。说明在阅读中无意识的、自动化的加工过程已经发现了这种错误，虽然没有到达觉知水平。同时，该实验说明眼动也可以作为反映无意识加工的指标 [380]。

在前面列举的盲视的例子中，盲视病人的视觉觉知系统受到了损伤，但视觉却能够绕开觉知系统对行动发生影响，即"为行动的视觉"部分相对完整。此时，"为行动的视觉"就是在这里起作用的"zombie"。类似的例子还可以在梦游症和癫痫发作时的意识障碍个体身上看到。梦游时个体能够自动避开障碍物，甚至完成开车之类的技能动作。支持这类自动化的不需意识控制的行为的机制就是"zombie"，它引起的反应是快速高效的，但同时也较为定型。这些模式化的反应可以理解为无意识的皮层反射 [381]。反复练习导致的自动化加工不需要意识的参与，对应的神经活动也有变化。新异任务常常需要我们集中注意，同时其执行过程往往是有意识可报告的，参与的皮层区域非常广泛。而当同样的任务被充分学习从而变成自动化加工后，皮层神经活动模式就会发生很大的改变，这种变化类似于无意识活动引起的神经活动 [336]。与 zombie mode 相比，意识系统负责处理那些复杂的新异情景，需要较多时间来思考和计划更为复杂的行为。我们不需要对所有加工都有意识，特别是那些经常重复的常规化的情景以及自动化的动作技能。而在新异情景中，则必须集成各种无意识单元，集中资源来应对新的变化，此时就需要意识加工的参与。容量有限的意识系统和广泛存在的无意识系统相互配合，无疑有着进化上的优势。

7.3　意识全局工作空间的扩展理论与心智游移

前面提到的 Baars 的意识的全局工作空间理论以及 Dehaene 等的全局神经元工作空间假说，较好地解释了意识（觉知）的机制，以及意识和无意识的交互关系，成为被广泛接受的意识理论之一。但是这两个理论都将重点放在对外界刺激的觉知上。然而心智游移现象反映出内源性的意识经验，尤其是非自主的内源性意识经验在整个意识体验中的重要地位，与传统的意识研究对象－即时的感官意识相比，心智游移代表的非感官意识一直没有受到足够的重视。尽管在全局工作空间模型中，Baars 也将"内部感觉"（inernal sensation）作为意识经验的一种，认为感觉皮层也可以被内部激发从而产生内部言语和内部表象（主要是视觉表象）的意识体验，意识体验中也包含了内部的情绪和动机过程，但这些所谓的"内部过程"在 Baars 的模型中相对含糊，认为它们在通过激发感觉皮层的活动来引起意识觉知这一点上与感官意识并无不同。因此，在传统的全局工作空间以及全局神经元工作空间假说中，非感官意识并没有被当做一种独特且重要的意识体验专门论述。

我们认为，无论是个体主观意识体验还是客观的脑成像事实，都在提示非感官意识的重要地位。非感官意识也可称为内源性意识体验，其在意识体系中的份额不容低估，并且脑还发展出一个专门的自组织网络来维持它，我们根据这两方面的证据，提出了意识全局工作空间的扩展理论，认为对外部刺激的意识和对内部信息的意识，两者可能有着相对独立的机制，应在意识机制框架中给予内源性意识体验以独立的地位，在全局工作空间中进行内源性意识和外源性意识的分工，而心智游移就是内源性意识的一个重要表现 [382]。

以下是这个扩展理论的要点。

7.3.1 内源性意识与外源性意识

传统的意识和注意的研究关注个体对即时环境刺激的觉知或注意，我们认为内部信息也是注意的一个重要对象，这里的内在信息指一切与外部即时环境刺激无关的心理表征。注意资源有"内投"和"外投"之分，由此区分出内源性意识和外源性意识。注意资源内投时，意识中心的内容是与外部环境无关的过去的信息表征以及建立在此基础上的对未来的预测和想像等过程，即内源性意识；当注意资源外投时，意识中心的内容是对外部即时环境刺激的表征，即外源性意识。尽管在很多情况下这两个过程交织在一起难以区分，比如在阅读过程中，既有对字词的物理属性的外源性意识，也有对长时记忆中的知识经验的内源性意识，但在某一给定时刻，这两种意识活动是相互竞争的关系。由于目前针对意识觉知的研究集中在外源性意识上，通过对比某刺激引起和不引起意识觉知两种情况来来定位意识觉知脑区，因此难以发现与内源性意识直接相关的脑区。而默认网络的活动很可能代表了与内源性意识相关的一个内源性意识活跃状态。这里我们需要注意，就像我们在第六章中展示的那样，默认网络不仅仅在心智游移时活跃，在很多高级的需要借助大量的内源性意识体验才能完成的任务中也很活跃。因此，说默认网络是一个心智游移网络并不准确，它更可能是一个内源性意识网络。而心智游移是一种非常典型而普遍的内源性意识体验。

7.3.2 意识活动统一系统的两个状态及其意义

心智游移的普遍性表明我们每个人都有心智游移的倾向，似乎个体内部存在一种力量，总是要寻找各种可能的机会将意识拉回到那个内部世界中。在这个内部世界中意识可以不费力气地向前"流动"，而要从这个世界中"挣脱"出来去关注外部刺激或者受制于某个目标，却需要花些力气。我们将心智游移的状态称为意识活动统一系统的"稳态"，它代表个体不从事目标导向任务以及不加工外界刺激时的一种状态，此时注意资源主要投向内部（同时广而浅地"监控"外部），但不存在"聚焦"，因此心智游移的意识体验也就较少受到注意加强作用的影响从而无法给个体留下深刻印象，如果不及时回顾，这些体验很快会"流走"。

相应的，我们将注意资源投向即时环境刺激以及在目标导向任务中个体所处的意识状态称为"亚稳态"，从"稳态"到"亚稳态"是一个"激发"的过程 [383]。亚稳态是一个相对不稳定的状态，个体维持外显的任务目标以及集中注意都需要额外的心理努力，因此会不断地发生"走神"，脑内神经活动有从"亚稳态"回到"稳态"的倾向。

脑内进行着大量的无意识活动，除了对即时环境刺激的无意识加工外，大量的无意识活动涉及原有信息的整理、记忆的巩固等过程，其中达到意识阈限、在竞争中胜出的部分进入全局工作空间，消耗注意资源。这部分活动及其背后大量的无意识活动，是个体不断加工过去信息，对将来的环境刺激进行预测以更好地应对环境变化的需要。正在这个意义上，脑是一个贝叶斯推理机，其功能在于对未来作出最佳估计 [296]。

7.3.3　脑的自组织性与扩展的全局工作空间

意识全局工作空间的扩展理论强调，脑在统一的意识活动系统下，存在两个不同的状态。无论是稳态还是亚稳态，意识觉知的共同机制都是神经元的全局工作空间的活动模式，这与 Dehaene 等提出的全局神经元工作空间假说是一致的，但扩展的全局工作空间理论包含的情况更为广泛。默认网络、执行网络以及其他已知脑网络内脑区间自发活动的高度相关，表明脑具有通过自发神经活动组织脑功能"各司其职"的能力，即脑的自组织特性。默认网络在加工即时环境刺激时的负激活特性揭示了相关脑区功能上的共性（其中一个重要的功能与注意内投状态有关）。类似的自组织性也在其他多个网络中得到验证。这种自组织性保证了注意资源和意识体验的内 - 外分工。

我们认为，默认网络是全局工作空间的一部分。默认网络的活动在加工即时环境信息时被抑制 [279]，符合全局工作空间容量有限、控制加工的特点。当心智游移发生时，伴随着任务绩效的下降以及对外界环境表征的浅层化，表明"内在"和"外在"的信息加工竞争共同的注意资源 [5，184]。

我们现在可以在意识全局工作空间的扩展理论的框架下解释心智游移的发生。

首先，心智游移和其他意识体验一样，服从全局工作空间的意识形成机制，即特化处理器之间的竞争胜出者进入全局工作空间从而形成意识觉知。但特化处理器既接收外界环境刺激的外源性输入，也有独立于即时环境的自动发放（即那些持续存在的自发的无意识活动），还有由特定目标和线索所诱发的记忆表征，后面两者都属于内源性输入。特化处理器之间的竞争结果受许多因素影响，其中比较重要的是输入信息强度、注意、阈值以及由另一个无意识模块"背景"决定的信息权重。对于外源性输入来说，高刺激强度、受到注意、低阈值和高权重（比如自我的名字）这些特征，会提高在竞争中获胜从而进入全局工作空间被意识到的几率；对于内源性刺激来说，较高的信息表征活跃水平（比如新近发生的或反复得到复述的事件）、受到注意、低阈值和高权重（比如和个人目标相关的事件）也会增加其被觉知的几率；内源性和外源性信息两者是此消彼长的竞争关系。心智游移就是来源于特化处理器的自动发放即持续存在的自发无意识活动，当个体没能将注意集中在当前任务或外界刺激上时，那些新近发生的或者对个人特别重要的事件的无意识表征，就会在竞争中胜出，从而形成心智游移。我们在心智游移时比较容易想起那些刚刚发生过的事或者对个人而言重要的信息［12，31，384，385］，因为前者具有更高的无意识活动强度，而后者由于"背景"的制约而具有较高的权重。我们将那些个体当前关心的、与个体内隐目标有关的事件称为"当前关注"［5］。由于那些与个体当前关注有关的加工在无意识层次持续进行着以及背景无意识模块的持续作用，使得个体注意一旦脱离外界环境和任务目标，相应内容就会涌入意识中心，从而使得心智游移成为意识的"稳态"或"基态"［16，382］。

其次，作为一种意识体验的心智游移，也必然和其他意识体验一样可以在脑内引起广泛的适应性变化（而不是像无意识活动那样仅影响局部区域）［201，309］，这提示了让那些与个体当前关注相关的重要信息进入意识水平而形成被个体觉知的心智游移是必要的。心智游移即便是违背个人当前意愿或表现为"侵入性"的［386］，也可能扮演着重要的角色［201］。根据全局工作空间理论，只有进入全局工作空间的信息加工才可以通过"广播"影响后台的各个无意识模块，这是一种更有效率的、更有影响的信息整理，通过这样的方式不断地进行记忆的巩固；同时，那些重要的信息通过进入全局工作空间，才有可能被意识到从而起到提醒个体、预演将来甚至解决问题的作用。意识容量有限，而无意识活动如果失去了通向觉知水平的通道，也就不能和其他模块进行信息交互，因此，我们认为心智游移是连接容量有限的意识空间和容量无限的无意识活动的"通道"，借助这个通道，个体不断地将新信息整合进原有信息表征系统，并在不断整理已有信息的过程中完善个人的内部信息结构。这是除了目标导向性思维之外另一个内部精神世界不断建构的过程。

最后，心智游移的功能与自我意识的形成与完善有关。心智游移中高比例的情景性内容，包括指向过去的情景记忆和指向未来的情景想象，表明个体经常处在一种"心理时间旅行"的状态，即将自我投射在心理时间上的任意时刻 [35，387]，这是一种自知意识（autonoetic consciousness）状态，而自知意识是自我意识的重要体现 [35，388]。另一方面，心智游移的内容与个体当前关注的紧密联系，以及明显的将来指向偏向，表明心智游移背后有着内隐的个人目标，或者说心智游移的运行是在内隐的个人目标框架下进行的。我们可以将心智游移看成一种自我觉知的默认加工状态（the normal default mode of operation of the self-aware）（Giambra，1995），这个状态对个体不断完善和整理自我结构以及保持自我在过去、现在、将来的时间连续感具有重要的意义，在自我觉知和自我意识体系的形成和发展中可能具有重要作用 [16]。在目标导向性的自我反思之外，心智游移成为一种个体发展个人独特自我的重要方式，这是心智游移重要的动力机制。

附　录

1.1　心智游移经验取样问卷

1　完全不符合　　　2　部分不符合　　　3　中立

4　部分符合　　　　5　完全符合

你填写问卷的时间为：＿＿＿＿＿＿

1. 走神的内容是关于自我的　　　　　　　　　　　1　2　3　4　5

2. 走神的内容形式是（选择除 A 以外的选项直接做第 3 题）

A　情景　　　　　　B　语词、句子　　　C　图像

D　旋律　　　　　　E　非音乐的声音

F　其他请（注明）

如果走神的内容形式为情景，那么

2.1　我刚刚走神的内容是关于

A　过去　　　　　　B　现在　　　　　　C　将来

D　没有时间指向

2.2　我刚刚走神的主题是关于

A　人　　　　　　　B　物

2.3　我有亲身体验的感受　　　　　　　　　　　1　2　3　4　5

2.4 走神内容涉及的情绪色彩是（按照程度进行 1—5 等级评分）

(1) 紧张—放松   1 2 3 4 5

(2) 激动—平静   1 2 3 4 5

(3) 负向（悲）—正向（喜）   1 2 3 4 5

3. 我走神的内容与我的近期生活经历有关   1 2 3 4 5

4. 我走神的内容与我计划要做的事情有关   1 2 3 4 5

5. 引发你走神的原因来自于

A 外部事物（a 文字 b 情景 c 旋律 d 声音 e 某一物体 f 其他）

B 内部想法

C 没有原因

6. 我现在正在从事某种任务

A 是

如果是，你在从事什么任务呢？

(_____)

如果是，任务的性质是

6.1 具有挑战性的   1 2 3 4 5

6.2 我非常有兴趣的   1 2 3 4 5

6.3 我十分擅长的   1 2 3 4 5

6.4 此刻我是全神贯注的   1 2 3 4 5

6.5 任务完成的结果对我来说是重要的   1 2 3 4 5

B 否

如果否，那么你此刻正在做什么？

(_____)

7. 我走神前的注意力在

A 外部的事物上（对外部事物的加工方式是 a 简单反应 b 作出思考）

B 内心世界

8. 我现在的清醒状态（1 表示昏昏欲睡 — 5 表示精神抖擞，请打

分） 1 2 3 4 5

9. 发生走神时，我的情绪状态是（按照程度进行 1 — 5 等级评分）

紧张 — 放松 1 2 3 4 5

激动 — 平静 1 2 3 4 5

负向（悲）— 正向（喜） 1 2 3 4 5

10. 在近 1 天内，我有喝酒、抽烟或者喝过咖啡、服用药物

A 是 B 否

11. 信号响起前那一刻你是否意识到自己处于走神状态

A 是 B 否

12. 信号响起前，我意识到自己在走神，但故意让自己的走神持续

下去 A 是 B 否

13. 你走神的具体内容是（如属于个人隐私，不愿意告知，可注明）

1.2 想像过程调查表（IPI）及精简版想像过程调查表（SIPI）

想像过程调查表（Imaginal Process Inventory）（IPI）

目录

第一部分

量表一白日梦频率

量表二睡眠梦频率

第二部分

量表三白日梦卷入度

量表四白日梦的接受度

量表五白日梦中的积极反应

量表六白日梦中的恐惧反应

量表七白日梦中的视觉表象

量表八白日梦中的听觉表象

量表九问题解决型的白日梦

量表十当前时间指向的白日梦

量表十一未来时间指向的白日梦

量表十二过去时间指向的白日梦

量表十三怪诞的白日梦

量表十四走神问卷①

量表十五指向成就的白日梦

量表十六逼真幻觉的白日梦

量表十七害怕失败的白日梦

量表十九有关性的白日梦

量表十八敌意性的白日梦

量表二十英雄主义的白日梦

量表二十一罪恶感的白日梦

量表二十二对人的好奇心

量表二十三对客观事物的好奇心

量表二十四厌烦易感性问卷

量表二十五精神状态评估

量表二十六注意涣散

量表二十七外部刺激需求

量表二十八自我揭露

---

① 原文中为"mind-wandering"，但 Singer 对 mind-wandering 的定义与我们有所不同，所以在此译为"走神"。参看第二章相关说明。

第一部分

指导语：在第一部分里（包括量表一及量表二）共有 24 个题目。每个题目有 5 个选项，选择一个对你来说最为真实或最恰当的选项。5 个选项分别为 ABCDE。请在答题纸上对应每道题的序号，写上你的选择答案。

量表一　白日梦频率

1. 我做白日梦的频率_____

A. 很少发生　　　　B. 一周一次　　　　C. 一天一次

D. 一天几次　　　　E. 一天多次

2. 白日梦或者幻想的时间占我意识清醒状态总时间的_____

A. 没有　　　　　　B. 低于 10%　　　　C. 至少 10%

D. 至少 25%　　　　E. 至少 50%

3. 说到白日梦，我会将自己描述成一个_____的人。

A. 从不做白日梦　　B. 很少做白日梦　　C. 偶尔做白日梦

D. 适度做白日梦　　E. 经常做白日梦

4. 我_____回忆或思考自己做过的白日梦

A. 很少　　　　　　B. 一周一次　　　　C. 一天一次

D. 一天几次　　　　E. 一天多次

5. 当我没有将注意力集中在工作，书本或是电视上时，我会有_____的时间在做白日梦。

A. 没有　　　　　　B. 10%　　　　　　C. 25%

D. 50%　　　　　　E. 75%

6. 相比于关注周围的人和事，我大约有_____的时间处于沉思状态。

A. 0%　　　　　　　B. 低于 10%　　　　C. 10%

D. 25%　　　　　　E. 50%

7. 我在上班（或学校）时做白日梦的频率_____

A. 很少发生   B. 一周一次   C. 一天一次

D. 一天几次   E. 一天多次

8. 追忆过去，展望未来，或者想像新奇的事情的时间占我意识清醒状态总时间的_____

A. 0%   B. 10%   C. 10%

D. 25%   E. 50%

9. 我_____沉浸在生动的白日梦里

A. 很少   B. 一周一次   C. 一天一次

D. 一天几次   E. 一天多次

10. 无论何时，当我有空余时间我就做白日梦的频率_____

A. 从不   B. 很少   C. 有时

D. 时常   E. 总是

11. 当我参加一个无聊的会议或活动时，我不去关注现场情况而开始做白日梦的频率_____

A. 从不   B. 很少   C. 有时

D. 时常   E. 总是

12. 在长途汽车，火车或者飞机上，我会做白日梦的频率_____

A. 从不   B. 很少   C. 偶尔

D. 时常   E. 总是

量表二　睡眠梦频率

1. 我晚上做梦的频率_____

A. 很少或没有   B. 一个月一次   C. 一个月几次

D. 一个星期几次   E. 一晚一次

2. 我能回忆起自己晚上做的梦的频率_____

A. 很少或没有   B. 一个月一次   C. 一个月几次

D. 一个星期几次   E. 一晚一次

3. 当我睡觉时，做梦所占到的时间_____

A. 没有   B. 仅仅一点时间   C. 一些时间

D. 超过一半的时间   E. 大多数的时间

4. 我能十分生动地、清楚地回忆起晚上做的梦的频率_____

A. 很少或没有   B. 一个月一次   C. 一个月几次

D. 一个星期几次   E. 一晚一次

5. 我回忆起晚上做的梦的形式，它们是_____

A. 模糊的印象   B. 一些片段   C. 大致的印象

D. 有一些具体细节的主要情节

E. 十分清楚，有很多具体细节

6. 我晚上睡觉包含梦境的频率_____

A. 很少或没有   B. 一个月一次   C. 一个月几次

D. 一个星期几次   E. 一晚一次

7. 我能清楚地回忆起晚上做的梦的频率_____

A. 很少或没有   B. 一个月一次   C. 一个月几次

D. 一个星期几次   E. 一晚一次

8. 我晚上会做一个很生动的梦的频率_____

A. 很少或没有   B. 一个月一次   C. 一周一次

D. 一个星期几次   E. 每天晚上

9. 我会以一些形式回忆起夜晚梦的频率_____

A. 很少或没有   B. 一个月一次   C. 一个月几次

D. 一个星期几次   E. 一晚一次

10. 我会回忆起有趣的或详细的夜晚梦的频率_____

A. 很少或没有   B. 一个月一次   C. 一个月几次

D. 一个星期几次   E. 一晚一次

11. 我觉得自己是一个_____晚上做梦的人。

A. 从不   B. 很少   C. 偶尔

D. 时常   E. 总是

12. 我在做梦时_____会有清醒的意识。

A. 很少或没有　　　　B. 一个月一次　　　　C. 一个月几次

D. 一个星期几次　　　E. 一晚一次

第二部分

指导语：所有剩下的题目属于第二部分。每道题均从以下的 5 个选项中选出最符合你或是最真实的程度。

A 代表完全不符合；B 代表比较不符合；C 代表比较符合；D 代表符合；E 代表完全符合。

（注意这 5 个选项是如何从一个极端走向另一个相反极端的）

量表三　白日梦卷入度

1. 我的白日梦很少会重复。

A　B　C　D　E

2. 我的有些白日梦虽然结束了，但还是吸引着我让我继续去幻想它们。

A　B　C　D　E

3. 我很少做相同的白日梦。

A　B　C　D　E

4. 我会受到我的白日梦的影响，它们会左右我的情绪。

A　B　C　D　E

5. 当我是个孩子的时候，我常为自己创造一个伟大的幻想世界。

A　B　C　D　E

6. 我的想象经常盘旋不断。

A　B　C　D　E

7. 在做白日梦过程中，有时我会感到一种热情和兴奋。

A　B　C　D　E

8. 当我体验到一个不寻常的愉快的梦时，我会试着去阻止它结束。

A　B　C　D　E

9. 孩提时代我经常做白日梦。

A B C D E

10. 有时候不管我多少努力想要改变，我还是会一直去想同一件事。

A B C D E

11. 白日梦会完全改变我的心情。

A B C D E

12. 如果我脑子里想一些事情，我经常会持续沉思几个小时。

A B C D E

13. 我经常重复做同样的白日梦。

A B C D E

14. 有时候，白日梦会让我感到沮丧，想要哭。

A B C D E

15. 我经常做关于那些一年前发生的事情的白日梦。

A B C D E

16. 一天中发生的事情常在我的脑中盘旋。

A B C D E

17. 我喜欢沉浸在自己的白日梦中。

A B C D E

18. 在做白日梦时我觉得自己很情绪化。

A B C D E

19. 我的有些白日梦十分强大以至于我不能移开注意力。

A B C D E

20. 我经常对我做的白日梦有一些情感上的回应。

A B C D E

量表四 白日梦的接受度

1. 成人中的白日梦是很幼稚的。

A B C D E

2. 我觉得白日梦不好，因为它可能说明了人格上的弱点。

A B C D E

3. 有时候一个充满幻想的白日梦可以带来一个原始的想法。

A B C D E

4. 白日梦是不真实的,而且很少能实现。

A B C D E

5. 我对我的白日梦感到内疚。

A B C D E

6. 因为白日梦经常带我远离我的工作,所以我试着去避免它,甚至是当我没有明确的任务要完成时?

A B C D E

7. 一个人拥有的白日梦越少,他就有更多的时间去真正地生活。

A B C D E

8. 白日梦除了能暂时逃离避免一定要去做的事情外,没有其他帮助。

A B C D E

9. 白日梦从不解决任何问题。

A B C D E

10. 白日梦对伟大的科学家.演员.普通人来说都是普通的经历。

A B C D E

11. 白日梦对成人来说是普遍的,对青少年和儿童来说同样也是如此。

A B C D E

12. 我觉得我的白日梦对我来说是值得.有趣的。

A B C D E

量表五　白日梦中的积极反应

1. 我会被白日梦唤醒或激发。

A B C D E

2. 一个"快乐"的白日梦会帮我从不开心中摆脱出来。

A B C D E

3. 我的白日梦经常具有激励作用。

A B C D E

4. 当我抑郁时，我的白日梦经常能振奋我。

A B C D E

5. 有时候当我回忆获得胜利或成就的那瞬间时，我会感到不寒而栗。

A B C D E

6. 我经常在白日梦中重新体验快乐或兴奋。

A B C D E

7. 我的白日梦常让我感到悲伤。

A B C D E

8. 白日梦可以给我带来笑容。

A B C D E

9. 做完白日梦后我经常感到满足和兴奋。

A B C D E

10. 白日梦更能引起我快乐的情绪而非不愉快的情绪。

A B C D E

11. 我的白日梦经常让我感到温暖和幸福。

A B C D E

12. 我的幻想有时候提供我快乐的想法。

A B C D E

量表六　白日梦中的恐惧反应

1. 我的白日梦经常有令人抑郁的事件让我感到心烦。

A B C D E

2. 白日梦不会让我害怕或心烦。

A B C D E

3. 如果知道去想一些事情会让我多不开心，我不会允许自己去想。

A B C D E

4. 我因为我的一些想法而打冷颤。

A B C D E

5. 有时候一个忽闪而过的想法似乎很真实以至于我会发抖并感到不适。

A B C D E

6. 我的白日梦对我情感效应让我感到害怕。

A B C D E

7. 当一个令人激动的白日梦达到高潮时，我惊醒了。

A B C D E

8. 我有些白日梦充斥着让我身体会紧张的情绪。

A B C D E

9. 一个令人害怕的白日梦的影响会停留很长的一段时间。

A B C D E

10. 不愉快的白日梦没有令我害怕或打扰到我。

A B C D E

11. 做完白日梦后我从不惊慌。

A B C D E

12. 我有些幻想是那么恐怖使我震惊颤抖。

A B C D E

量表七　白日梦中的视觉表象

1. 我的白日梦中的场景是模糊不清的。

A B C D E

2. 我能看到白日梦钟的人或事，就好像他们在我身边环绕。

A B C D E

3. 有时候我会想象一幅清晰的，像生活般的画面。

A B C D E

4. 在我的幻想中，我经常能看到大量的人或事。

A B C D E

5. 我没有真的看到白日梦中的事物。

A B C D E

6. 我的幻想经常由黑白或彩色的图片组成。

A B C D E

7. 我的白日梦大多数是由想法和感受组成的，而不是由视觉画面组成。

A B C D .E

8. 视觉场景是我白日梦里一个重要的部分。

A B C D E

9. 我脑中的画面就像照片一样清楚。

A B C D E

10. 我的白日梦中的场景是一闪而过的。

A B C D E

11. 我白日梦中的场景对我来说是如此生动和清楚以至于我的眼睛真的在跟随它们。

A B C D E

12. 我仍然能记得最近白日梦的场景。

A B C D E

量表八 白日梦中的听觉表象

1. 在白日梦里，我能听到的声音几乎和现实中听到的一样清楚。

A B C D E

2. 当我的白日梦中有人在讲话，我不能真的听到他们的声音。

A B C D E

3. 我的白日梦经常会伴随着梦中人物的声音。

A B C D E

4. 在我的白日梦中，我能听到同时有轻柔和吵闹两重的音乐。

A　B　C　D　E

5. 在做白日梦时，声音似乎来得又响亮又清楚，然后就消退了。

A　B　C　D　E

6. 有时我似乎能在我的幻想中听到人与人之间的交谈。

A　B　C　D　E

7. 在我的白日梦中听到的声音是清晰的。

A　B　C　D　E

8. 有时候一曲音乐在我脑中就好像在听收音机一样得清楚。

A　B　C　D　E

9. 我脑中听到的声音并不十分清楚。

A　B　C　D　E

10. 在我的白日梦中，我可以在脑中非常清楚地听到我和其他人的对话。

A　B　C　D　E

11. 有时候我在过去听到过的声音会出现在我的白日梦中，好像我又听了一遍。

A　B　C　D　E

12. 当我幻想那些对我很重要的人时，他们的声音听得很清楚。

A　B　C　D　E

量表九　问题解决型的白日梦

1. 当我面对困境时，我想像我已经解决了难题并且试验了解决方法。

A　B　C　D　E

2. 在白日梦中，我会解决我的家庭，朋友，也包括我的困难。

A　B　C　D　E

3. 在我面对复杂情境时，我的白日梦会提供我一些有用的线索。

A　B　C　D　E

4. 发呆不能给我很多可行的解决问题的方法。

A B C D E

5. 我的白日梦与我日常生活中的困难密切相关。

A B C D E

6. 我在白日梦里想像自己解决了所有的难题。

A B C D E

7. 白日梦对我来说没有任何的实际意义。

A B C D E

8. 我的幻想有时候能提供我无法解决的问题的答案,这让我很惊讶。

A B C D E

9. 当做白日梦时,我马上会有新的解决问题的方法。

A B C D E

10. 有时候,一个难题的答案会出现在我的白日梦中。

A B C D E

11. 我经常做的白日梦是关于解决我在生活中必须做的事情的不同方法。

A B C D E

12. 我的白日梦几乎只是来打发时间的,而不是试图想要解决实际的生活问题。

A B C D E

量表十　当前时间指向的白日梦

1. 我的白日梦总是和我当前生活中的事情相关。

A B C D E

2. 我的想法不会从我当前碰到的难题上移到别处。

A B C D E

3. 我现在关心的事经常反映在我的白日梦中。

A B C D E

4. 不论如何烦恼,我都只会幻想那些令我现在担忧的事而不是去构建美好的未来。

A B C D E

5. 我十分关注我的白日梦中的现在。

A B C D E

6. 我的想法是关于日常活动的，而不是关于明天带来的新的，刺激的事情。

A B C D E

7. 我幻想自己处在远离我日常生活的情境中。

A B C D E

8. 我不去考虑我的日常事务。

A B C D E

9. 我用日常标准去考虑事情，而不是去想过去或将来会如何。

A B C D E

10. 我更多地幻想对未来的希望而不是对现在的希望。

A B C D E

11. 在我的白日梦中，我日常生活的细节比过去的记忆更清楚更完整。

A B C D E

12. 我喜欢去想我生活中正在发生的事而避免去幻想将来的事。

A B C D E

量表十一　未来时间指向的白日梦

1. 在去某个地方前，我会想像场景以及我将会做什么。

A B C D E

2. 我幻想自己几年后将会如何。

A B C D E

3. 我更喜欢去考虑明天，而不是思考昨天。

A B C D E

4. 我考虑未来的世界将会怎么样。

A B C D E

5. 我从不计划几年后我会在哪里或者我将会做什么。

A B C D E

6. 我不去考虑未来会是怎么样。

A B C D E

7. 我幻想将要发生的事。

A B C D E

8. 我很少去想将来我会做什么。

A B C D E

9. 我的想法更多的是关于过去而不是将来。

A B C D E

10. 我幻想一些希望在将来发生的事。

A B C D E

11. 我发现自己在幻想一年后我会做什么。

A B C D E

12. 我更倾向去幻想即将到来的星期和月份里发生的事情而不是幻想过去发生的事。

A B C D E

量表十二 过去时间指向的白日梦

1. 我经常做关于一年前发生的事情的白日梦。

A B C D E

2. 我从不会去想我早起童年的事情或场景。

A B C D E

3. 我更多地幻想关于已经发生的事而不是将要发生的事。

A B C D E

4. 我幻想我第一次居住过的地方，我年轻时的场景和发生的事情。

A B C D E

5. 我很少会回忆起童年的瞬间。

A　B　C　D　E

6. 再现的童年事情十分清楚并有很多的细节。

A　B　C　D　E

7. 在我的白日梦中，我更喜欢去重新体验过去，而不是展望未来。

A　B　C　D　E

8. 我有时幻想我年轻时熟悉的人和地方。

A　B　C　D　E

9. 我更多地考虑现在而非昨天。

A　B　C　D　E

10. 我不喜欢去想我早年的场景。

A　B　C　D　E

11. 我很少发现自己幻想年轻的时候。

A　B　C　D　E

12. 我想了很多关于的过去的东西。

A　B　C　D　E

量表十三　怪诞的白日梦

1. 我经常想一些在真实生活中很少会发生的事情。

A　B　C　D　E

2. 我做一些完全不可能发生的情况的白日梦。

A　B　C　D　E

3. 我做一些在现实生活中不会发生的事情的白日梦。

A　B　C　D　E

4. 我的白日梦相当现实。

A　B　C　D　E

5. 我的白日梦和科幻小说一样怪异。

A　B　C　D　E

6. 我的白日梦是关于我做一些对我来说不可能的事。

A　B　C　D　E

7. 我经常幻想自己是一个不同于现在的另一个人或是过着一种不同的生活。

A B C D E

8. 我的白日梦中发生的事情好像是我天天在做的。

A B C D E

9. 我的白日梦中发生的事情经常是很奇怪与不寻常的。

A B C D E

10. 我的白日梦很现实，很少会有疯狂奇怪的想法。

A B C D E

11. 我的白日梦相当实际现实。

A B C D E

12. 我的白日梦大多数是关于不同寻常的人或不曾发生的事。

A B C D E

量表十四　走神问卷①

1. 当我工作时，我很少走神。

A B C D E

2. 有时候我很难让自己不分心。

A B C D E

3. 我工作时很少分心。

A B C D E

4. 在听演讲时，我经常走神。

A B C D E

5. 我很少会在演讲、音乐会、演出、听收音机或是看电视时走神。

A B C D E

6. 我很少能从目前的事物上走神。

---

① 原文中为"mind-wandering"，但 Singer 对 mind-wandering 的定义与我们有所不同，所以在此译为"走神"。参看第二章相关说明。

A B C D E

7. 我是那种经常走神的人。

A B C D E

8. 保持集中注意力在冗长的任务上对我来说没有难度。

A B C D E

9. 我能无须努力去做一件事很长时间。

A B C D E

10. 不论我多努力尝试去集中注意力，那些与我工作无关的想法都总还是会出现。

A B C D E

11. 我很难长时间地集中注意力。

A B C D E

12. 在演讲、会议或讲座中，我经常意识到我没有在听演讲者讲话。

A B C D E

量表十五　指向成就的白日梦

1. 我做的白日梦是关于完成一项困难的任务。

A B C D E

2. 我幻想自己是个顶级的专家并受到同事的尊敬。

A B C D E

3. 我的白日梦是关于从事一些将来对工业和社会至关重要的事情。

A B C D E

4. 在我的白日梦中，我超越了父母的期望。

A B C D E

5. 我幻想自己在工作领域中获得了最高的荣誉。

A B C D E

6. 我幻想自己在很多观众前获奖。

A B C D E

7. 在我的白日梦中，我在我工作领域中成为一个受人尊重的人。

A　B　C　D　E

8. 我幻想自己升了一个更好的职位。

A　B　C　D　E

9. 在我的幻想中，我想像自己因为在自己领域中的杰出成就而获奖。

A　B　C　D　E

10. 我想像自己十分成功，并且住在乡村的一个漂亮的家里。

A　B　C　D　E

11. 我幻想作为一名专家，我的观点被众人寻找。

A　B　C　D　E

12. 我幻想自己因为成功而被组织接受。

A　B　C　D　E

量表十六　逼真幻觉的白日梦

1. 我白日梦中的视觉画面十分生动，让我相信它们是真的在发生。

A　B　C　D　E

2. 在我的白日梦中，视觉场面和声音都很清楚，我几乎要靠捏自己来确定它们不是真的。

A　B　C　D　E

3. 我很难区分白日梦和现实生活中发生的事情。

A　B　C　D　E

4. 我相信我确实看到了

A　B　C　D　E

5 我想的内容中有些声音是让人感到恐怖或恐惧的。

A　B　C　D　E

6. 在我的幻想中，那些生活中对我很重要的人在告诉我该做什么。

A　B　C　D　E

7. 我做的白日梦很清楚以至于让我常相信梦中出现的人是存在的。

A　B　C　D　E

8. 我的白日梦中的声音和影像很真实。

A B C D E

9. 我幻想我的家庭成员在批评我。

A B C D E

10. 我的白日梦中的声音十分清楚以至于使我作出回应。

A B C D E

11. 出现在我的白日梦中人很真实，我经常相信他们与我同在。

A B C D E

12. 我所想的与我生活中发生的事情一样真实。

A B C D E

量表｜七 害怕失败的白日梦

1. 在我的白日梦中，我害怕遇到生活中的责任。

A B C D E

2. 我幻想自己没有获得盼望已久的提升。

A B C D E

3. 我在幻想因为我的失误而导致家庭不幸。

A B C D E

4. 我幻想去应聘一份重要的工作，给人留下糟糕的印象。

A B C D E

5. 我幻想我的孩子或我爱的其他人没有十分成功。

A B C D E

6. 我幻想自己没有能力去完成要求我做的工作。

A B C D E

7. 在我空闲的想法中，我害怕自己不能满足工作上的要求。

A B C D E

8. 我幻想自己失业，在财政上负债并感到没用。

A B C D E

9. 我幻想自己从不为自己或他人做任何值得做的事情。

A　B　C　D　E

10. 我幻想我的雇主对我的工作感到失望。

A　B　C　D　E

11. 我幻想自己在喜爱的事物上失败。

A　B　C　D　E

12. 我幻想自己没有按照父母的期望去活。

A　B　C　D　E

量表十八　敌意性的白日梦

1. 我幻想在身体上伤害我讨厌的人。

A　B　C　D　E

2. 在我的幻想中，我对上级毫无缘由地谴责我而感到愤恨。

A　B　C　D　E

3. 在我的幻想中，我看到自己向我不喜欢的人寻找报复。

A　B　C　D　E

4. 我幻想我在责备我的父母。

A　B　C　D　E

5. 我幻想自己变得愤怒甚至对他人存有敌对。

A　B　C　D　E

6. 在我的白日梦中，我变得痛恨并开始伤害我爱的人。

A　B　C　D　E

7. 我幻想自己触人痛处或是惹恼不喜欢的人的方法。

A　B　C　D　E

8. 我发现我在幻想报复那些我不喜欢的人的方法。

A　B　C　D　E

9. 在我的白日梦中，我向敌人表达愤怒。

A　B　C　D　E

10. 我幻想自己对那些与我道德和价值观不一致的人表达自己的敌意。

A　B　C　D　E

11. 我幻想我与父母在琐事上起冲突。

A　B　C　D　E

12. 我幻想自己报复欺骗过我的人。

A　B　C　D　E

量表十九　有关性的白日梦

1. 我关于爱情的白日梦是如此生动以至于我真的感觉到它在发生。

A　B　C　D　E

2. 我幻想我自己在身体上能吸引异性。

A　B　C　D　E

3. 当有计划地工作时，我会走神想到性。

A　B　C　D　E

4. 有时候在上班途中，我幻想和一位有吸引力的异性发生关系。

A　B　C　D　E

5. 我脑中的性幻想是十分生动和清楚的。

A　B　C　D　E

6. 在阅读时，我经常会性幻想或幻想与人发生性关系。

A　B　C　D　E

7. 当坐火车或汽车、飞机去旅游时，我会想到爱情。

A　B　C　D　E

8. 当我无聊时，我会幻想异性。

A　B　C　D　E

9. 有时候我会幻想自己和喜欢的人发生性关系。

A　B　C　D　E

10. 我幻想我对自己所仰慕的人产生极大的渴望。

A　B　C　D　E

11. 睡觉前，我会想到做爱。

A　B　C　D　E

12. 我的有关性的白日梦能使我产生生理反应。

A B C D E

量表二十 英雄主义的白日梦

1. 我幻想我阻止一场杀害政治候选人的密谋。

A B C D E

2. 我幻想自己作为被试参加了一个重要的科学实验，并因为我的勇敢而赢得名声。

A B C D E

3. 我幻想自己从火场中救出我爱的人。

A B C D E

4. 我幻想自己在一场重要的比赛中得到决定性的分数。

A B C D E

5. 我幻想自己通过做一些困难或危险的工作，将我的家庭从一个严重的财政困境中拯救出来。

A B C D E

6. 我幻想拯救了一个吸毒者的命。

A B C D E

7. 我幻想我阻止了一场机场劫持事件。

A B C D E

8. 我幻想自己冒着生命危险去救我爱的人。

A B C D E

9. 我幻想自己是一名外交家，在对外战争上和平解决。

A B C D E

10. 我幻想自己成为一位重要的政府官员。

A B C D E

11. 我幻想救了一个溺水儿童。

A B C D E

12. 我幻想为了救我家人而使自己处于险境。

A B C D E

量表二十一 罪恶感的白日梦

1. 在我的白日梦中，我幻想自己在偷了一些贵重东西后被抓。

A B C D E

2. 我幻想自己犯罪被捕，并被判长期徒刑。

A B C D E

3. 我幻想一个朋友发现我说了谎。

A B C D E

4. 我经常感到被我犯罪的画面所折磨。

A B C D E

5. 我幻想去利用比我可怜的人，然后感到内疚。

A B C D E

6. 我经常幻想别人知道了我做的错事并反对我。

A B C D E

7. 在我的白日梦中，我为逃避惩罚而感到内疚。

A B C D E

8. 我幻想自己正逃离想要惩罚我的人。

A B C D E

9. 在白日梦中，我因为在游戏或比赛中作弊而感到内疚。

A B C D E

10. 在我的白日梦中，我经常害怕自己被抓到做错事。

A B C D E

11. 在我的白日梦中，我因为做了与我宗教信仰不符的事而感到内疚。

A B C D E

12. 我幻想向朋友借了一件贵重的东西并弄坏了它。

A B C D E

量表二十二 对人的好奇心

1. 我经常思考名人的生活。

A B C D E

2. 我经常对他人的生活感兴趣。

A B C D E

3. 当我参观一个有历史重要性的地方时，比起曾经在那生活过的人们来说，我对建筑和内部物体更感兴趣。

A B C D E

4. 我经常注意到饭店或酒吧里的一个人，怀疑他以何为生或者他到底是什么样的人。

A B C D E

5. 我喜欢去了解公众人物的私生活。

A B C D E

6. 我对我校友或同事的私生活不感兴趣。

A B C D E

7. 第一次去一个地方旅游时，我经常在想当地居民是如何生活的。

A B C D E

8. 我对别人的私事不感兴趣。

A B C D E

9. 我对遥远国家比如印度的生活没有特别的兴趣。

A B C D E

10. 我经常在想偶然碰到的站在公寓窗边的人的生活。

A B C D E

11. 我对名人的私生活不感兴趣。

A B C D E

12. 在旅游时，我很少会去想结伴的旅客是如何生活的。

A B C D E

量表二十三　对客观事物的好奇心

1. 我思考那些有趣、新的机器多过于人。

A B C D E

2. 我经常喜欢把东西拆开来看它如何运作。

A　B　C　D　E

3. 我比较少知道汽车的机械运作。

A　B　C　D　E

4. 我认为我喜欢从事物理科学的研究。

A　B　C　D　E

5. 我对各种高技术的可以通过完全的自动化设备成功重复的机器操作感兴趣，

A　B　C　D　E

6. 当我在商店里买一件成品时，我从不会去想这件成品所涉及到的加工的过程。

A　B　C　D　E

7. 我常在想一个特别的机械设备是如何运作的。

A　B　C　D　E

8. 我喜欢去阅读与新的科学发现有关的东西。

A　B　C　D　E

9. 我觉得人文科学比自然科学更令人兴奋。

A　B　C　D　E

10. 我很少去思考物质世界的未解之谜，比如电是哪里来的。

A　B　C　D　E

11. 我经常在想鸟是如何飞的。

A　B　C　D　E

12. 我不喜欢去参观工厂。

A　B　C　D　E

量表二十四　厌烦易感性问卷

1. 大多数我在做的事是不重要的或不有趣的。

A　B　C　D　E

2. 每天都充满着我感兴趣的事情。

A B C D E

3. 我容易对我要做的事情失去兴趣。

A B C D E

4. 大多数事情一开始很有兴趣，过一会儿就是去了兴趣。

A B C D E

5. 我喜欢先完成手头在做的事情再开始新的事情。

A B C D E

6. 我很容易感到无聊。

A B C D E

7. 我很少能投入到我在做的事情中并真正感到兴趣。

A B C D E

8. 我发现要停止一件我很感兴趣的事情是很难的。

A B C D E

9. 我可以做一件事情很长一段时间并且没有感到一丝的烦躁。

A B C D E

10. 大多数我的时间里都充满着兴奋有趣的事。

A B C D E

11. 我往往能全神贯注在我正在做的事情上并对它感兴趣。

A B C D E

12. 我很少会感到厌烦。

A B C D E

量表二十五　精神状态评估

1. 有时候在一天中，我没有特别意识到脑中所想的。

A B C D E

2. 我的脑子经常空白。

A B C D E

3. 当一人独处时，我会停止不了去想一些事情。

A B C D E

4. 我的想法经常在我脑中一闪而过。

A　B　C　D　E

5. 在下一个想法出现在我的脑中之前，我只会想一个事情几秒钟的时间。

A　B　C　D　E

6. 总有一些事出现在我脑中。

A　B　C　D　E

7. 我发现我的思绪快速涌现在我脑中。

A　B　C　D　E

8. 很多时候我脑中一片空白。

A　B　C　D　E

9. 我的想法经常出现得很慢。

A　B　C　D　E

10. 我经常有段时间没有特别意识到自己的想法。

A　B　C　D　E

11. 我经常走神。

A　B　C　D　E

12. 我的精神总是活跃着。

A　B　C　D　E

量表二十六　注意涣散

1. 我的注意力很少会转移到周围人正在做的事情上。

A　B　C　D　E

2. 我总是为找到不用工作的借口而高兴。

A　B　C　D　E

3. 面对乏味的工作时，我注意到身边所有可以做的事情。

A　B　C　D　E

4. 当我身处一场大型报告或会议中时，我经常四处看周围的人或物。

A B C D E

5. 当我长时期做一样工作时，我开始会关注我的指甲或外表上的其他部位。

A B C D E

6. 即使当我在听一个有趣的人讲话，我也会分心。

A B C D E

7. 当有人在隔壁房间打电话时，我很难阅读。

A B C D E

8. 当有电视或收音机开着的时候，我发现很难集中注意力。

A B C D E

9. 我能在吵闹混乱的环境下很好地学习。

A B C D E

10. 我集中注意的能力不会因为我房子另一处有人在讲话而受到影响。

A B C D E

11. 我不容易分心。

A B C D E

12. 当我全神贯注工作时，别人很难能引起我的注意。

A B C D E

量表二十七　外部刺激需求

1. 我喜欢和懂很多的人争辩。

A B C D E

2. 我觉得呆在家里是打发时间的好方法。

A B C D E

3. 我不是特别喜欢花整个晚上的时间去做许多事情或者去许多不同的地方。

A B C D E

4. 当我没有事情要做，没有地方要去时，我最开心。

A B C D E

5. 我喜欢旅游。

A B C D E

6. 我喜欢假期不做任何事。

A B C D E

7. 这周很难得我没有计划的事情。

A B C D E

8. 我喜欢和平和安静。

A B C D E

9. 如果我没事可做，我会变得不安。

A B C D E

10. 大多数的时间我喜欢开着收音机、电视或唱机。

A B C D E

11. 在游乐公园里，我喜欢玩最惊险的车。

A B C D E

12. 我不喜欢去做危险或大胆的事情。

A B C D E

量表二十八　自我揭露

1. 我喜欢谈论我的麻烦。

A B C D E

2. 我喜欢保持个人的想法与感受。

A B C D E

3. 我不喜欢与人分享我的麻烦。

A B C D E

4. 我喜欢谈论我的个人感受—令我开心和伤心的事。

A B C D E

5. 我喜欢告诉别人我的梦。

A B C D E

6. 我愿意参加感觉剥夺实验。

A B C D E

7. 我不愿意去使用迷幻药来丰富我的经历。

A B C D E

8. 我喜欢谈私事。

A B C D E

9. 我不喜欢做实验被试或做人格测试。

A B C D E

10. 我喜欢观察我对事物与他人的反应。

A B C D E

11. 我从来都不想记日记。

A B C D E

12. 当有人问我私人问题时，我会感到不舒服。

A B C D E

反向计分题：

量表三 （1）

量表四 （1，2，4，5，6，7，8，9）

量表五 （7）

量表六 （2，10，11）

量表七 （1，5，7，10）

量表八 （2，9）

量表九 （4，7，12）

量表十 （7，8，10）

量表十一 （5，6，8）

量表十二 （2，5，9，10，11）

量表十三 （4，8，10，11）

量表十四 （1，3，5，6，8，9）

量表二十二 （3，6，8，9，11，12）

量表二十三 （3，6，9，10，12）

量表二十四 （2，5，9，10，11，12）

量表二十五 （1，2，8，9，10）

量表二十六 （1，9，10，11，12）

量表二十七 （2，3，4，6，8，12）

量表二十八 （2，3，7，9，11，12）

精简版想像过程调查表 （The Short Imaginal Process Inventory，SIPI)

指导语

以下题目都是与白日梦有关的。请根据题目的内容，选出你所认为符合你的情况。

5 代表完全符合　4 代表比较符合　3 代表难以确定　2 代表比较不符合　1 代表完全不符合

1. 我能全神贯注地做自己感兴趣的事情。	
2. 有时候，我的白日梦会产生一个独特的想法。	
3. 我曾幻想过，某个朋友揭穿了我的谎言。	
4. 我没有真正看清白日梦中的事物。	
5. 我是那种经常走神的人。	
6. 在我的白日梦中，我认为自己是一名专家，大家都向我请教。	
7. 有时，我会在做白日梦时候找到难题的答案。	
8. 我工作时很少走神。	
9. 我会想像自己辜负所爱的人。	
10. 我会想像自己几年后的样子	
11. 我容易对那些必须去做的事情失去兴趣。	
12. 我的白日梦经常出现抑郁的事情，让我感到心烦。	

13. 我不容易分心。	
14. 在我的白日梦中，我会对敌人发火。	
15. 我的幻想通常是一些愉快的想法。	
16. 即使我附近有人在讲话，我也能集中注意不受干扰。	
17. 我在白日梦中所听到的声音清晰可辨。	
18. 我想像着自己不能完成要求我做的工作。	
19. 做白日梦从不解决任何问题。	
20. 不管我多努力去集中注意力，脑子里还是会冒出一些与工作无关的想法。	
21. 在我的白日梦中，我变得愤怒，甚至对他人存有敌意。	
22. 我的白日梦经常能激励自己。	
23. 我可以长时间持续做一件事情，并且不会感到一丝的烦躁。	
24. 在我的白日梦中，我总是害怕自己做错事被抓到。	
25. 在面对单调乏味的工作时，我会留意其他一切我能去做的事情。	
26. 我很少去想将来我要做什么。	
27. 我幻想自己在很多观众前获奖。	
28. 我的白日梦会在我面对棘手问题时给予有用的提示	
29. 我很容易感到无聊或厌烦。	
30. 不愉快的白日梦不会令我害怕或困扰到我。	
31. 我脑海中的画面就像照片一样清晰。	
32. 在白日梦里，我害怕承担生活中新的责任。	
33. 当有人在旁边打电话时，我会没办法看书。	
34. 我发现自己在幻想一些方法去报复我讨厌的人。	
35. 我很少会感到无聊或厌烦。	
36. 我的白日梦经常让我感到温暖和幸福。	
37. 我会想像自己加入了一个只接纳成功人士的组织。	

38.白日梦对我来说没有任何的实际意义。	
39.当电视或收音机开着的时候，我会很难集中注意力。	
40.我会去幻想一些我希望在将来发生的事。	
41.在白日梦里，我会为了逃避惩罚而感到内疚。	
42.我很少会在思考当前的问题时走神。	
43.我觉得做白日梦对我来说是有意义、而且有趣的。	
44.我从不因为白日梦而惊慌。	
45.我很难长时间保持注意力集中。	

1.3 心智游移频率、背景及内容表征问卷

性别：1 男　2 女（请在相符选项上打钩"√"，下同）

年龄：周岁

年级：1 大一　　2 大二　　3 大三　　4 大四；

　　　5 研一　　6 研二　　7 研三　　8 更高学历

专业：1 文史类　2 理工类　3 语言类

问卷填写说明：（请务必认真阅读！）

本问卷调查心智游移现象，也就是我们平时所说的走神、发呆、发愣、做白日梦、开小差等现象。凡是那些被认为不是自己有意去想，自动冒出来的思想、想像都可以说是心智游移。我们都会有这样的经历：我怎么又想起那些讨厌的事情；有时候会发现自己刚才不知道在干什么；经常脑子一片空白；我无法控制自己不去想那些事情；突然想起了某件事情或者某个人、物；脑子里不断冒出很多想法；做一些白日梦……这些情况你可能经历很多，也可能很少经历。

总之，你的大脑好像自己会干些事情，而你又无法控制。研究中会

使用一些相关的词语来表达心智游移发生的特征。比如突然、不由自主、冒出来、无意间、无法控制等，当你看到这些词语，你就知道"它们"是在说心智游移，相信您很容易理解。

问卷中，为了更加形象地表达心智游移，也为了方便你的理解，我们有时会使用"走神"这个词语。请您注意：走神＝心智游移。

注意事项：

1. 本次问卷调查包括3个分问卷，分别为：心智游移频率分问卷、心智游移任务背景分问卷、心智游移表征形式分问卷。各份问卷都有具体的填写说明，请仔细阅读。

2. 三个分问卷都使用"1 2 3 4 5"5点评分，但是每个分问卷中这5个数字选项所代表的意义是不同的。在填写每一份分问卷的时候，都请认真阅读开头部分的"填写说明"。

3. 问卷总共有66题，请仔细阅读题项内容后再根据自身实际情况做出选择。

4. 问卷数据将作总体的统计分析，不会涉及个人隐私，请放心填写。

分问卷一：心智游移频率问卷

填写说明：

非常感谢您参加本次的调查研究！

以下一些问题都是我们日常生活中所经常遇到的状况，请您根据自己的实际情况认真完成每一个题目。

表中描述了各个选项"1 2 3 4 5"所代表的意义，各个频率词的具体含义根据您一天中发生的次数来定义。比如"极少"表示这种情况在您一天中只发生0—2次。

选项	1	2	3	4	5
频率次	极少	偶尔	一般	经常	总是
一天中发生次数	0—2次	3—4次	5—7次	8—10次	11次以上

请根据您的实际情况，作出尽量准确的选择，并在符合的数字上打钩"√"。

1. 我的脑子里跑出来一些零散的想法或者想像。　　1　2　3　4　5

2. 说到走神，我会把我自己描述成为一个走神的人。

　　　　　　　　　　　　　　　　　　　　1　2　3　4　5

3. 过去的事或者将来的事情会不受控制的出现在我的头脑里。

　　　　　　　　　　　　　　　　　　　　1　2　3　4　5

4. 我感觉让自己保持注意集中是一件很困难的事情。

　　　　　　　　　　　　　　　　　　　　1　2　3　4　5

5. 我不自觉地陷入漫无目的的幻想中。　　1　2　3　4　5

6. 我的思想活动处于一种不受自己控制的游离的状态。

　　　　　　　　　　　　　　　　　　　　1　2　3　4　5

7. 我无意间产生一些想法。　　　　　　　1　2　3　4　5

8. 当我开始做某件事情，我不知不觉的开始做另外一件事情。

　　　　　　　　　　　　　　　　　　　　1　2　3　4　5

9. 会有一个接一个不同的想法在我脑海中出现。　1　2　3　4　5

10. 我是那种走神的人。　　　　　　　　　1　2　3　4　5

11. 我不自觉地产生很多的联想。　　　　　1　2　3　4　5

12. 我做事情三心二意（做着某事却想着另一件事）。

　　　　　　　　　　　　　　　　　　　　1　2　3　4　5

13. 我的思路会被一些突然出现在我脑子里的思想打断。

　　　　　　　　　　　　　　　　　　　　1　2　3　4　5

14. 我发呆。　　　　　　　　　　　　　　1　2　3　4　5

15. 请在选项"4"上打钩。　　　　　　　　1　2　3　4　5

16. 我的脑子好像自己会想一些事情。　　　1　2　3　4　5

17. 当我在阅读的时候发现自己没有在思考，因此必须回过头去再读一遍。　　　　　　　　　　　　　　　　1　2　3　4　5

18. 我不由自主地想很多事情。　　　　　　　　1　2　3　4　5

19. 我是一个发愣的人。　　　　　　　　　　　1　2　3　4　5

20. 会有很多东西穿插进我的思维活动中。　　　1　2　3　4　5

21. 我发现自己根本没有注意正在做的事情。　　1　2　3　4　5

22. 我感觉脑子里一片空白。　　　　　　　　　1　2　3　4　5

分问卷二：心智游移任务背景问卷

填写说明：

非常感谢您参加本次的调查研究！

以下一些问题是关于您在做某件事情或者什么事不做的情况下是否发生了心智游移（就是题目中所说的走神）。请您根据自己的实际情况认真完成每一个题目。

表中描述了各个选项"1　2　3　4　5"所代表的意义，各个频率词的具体含义根据您所经历的总数为 10 次的任务中发生走神的次数来定义。比如"极少"表示您在 10 次任务中总共发生走神 0—1 次。对于某些任务，如果您经历的任务次数不到 10 次，那么请您的实际经历假设您经历 10 任务的话，您会发生几次走神。比如您实际只有 6 次做英语听力的经历，那么请根据您这 6 次的经历，估计如果做 10 次英语听力，那么您会走神几次。

选项	1	2	3	4	5
频率次	极少	偶尔	一般	经常	总是
10 中发生几次	0 — 1	2 — 3	4 — 6	7 — 9	10 次以上

注意：此处频率数量与前份问卷的差别，并请根据您的实际情况，作出尽量准确的选择，并在符合的数字上打钩"✓"。

1. 当我有空的时候，我走神。   1 2 3 4 5

2. 当我在完成一件很轻松的任务时，我走神。   1 2 3 4 5

3. 在我清闲的时候，我走神。   1 2 3 4 5

4. 当我在倾听的时候走神。   1 2 3 4 5

5. 我在无聊的时候，我走神。   1 2 3 4 5

6. 我在听感兴趣的讲座的过程中走神。   1 2 3 4 5

7. 我在没事干的时候走神。   1 2 3 4 5

8. 在上很有意思的课时，我走神。   1 2 3 4 5

9. 在我刚吃完晚饭，又没有什么事情，我走神。   1 2 3 4 5

10. 当我在看喜欢看的书时，我走神。   1 2 3 4 5

11. 在我零碎的时间里面我走神。   1 2 3 4 5

12. 如果我正在完成一个很重要的任务，我走神。   1 2 3 4 5

13. 如果我正在做的事情很枯燥，那么我走神。   1 2 3 4 5

14. 在我遇到麻烦的事情的时候，我走神。   1 2 3 4 5

15. 如果我不擅长手头的工作，我走神。   1 2 3 4 5

16. 如果我正在做的任务很难，我走神。   1 2 3 4 5

17. 当我正参加一个无聊的会议或者活动时，我走神。

                                    1 2 3 4 5

18. 在汽车、火车或者飞机上，我走神。   1 2 3 4 5

19. 当我在看很难理解的书时，我走神。   1 2 3 4 5

20. 请在选项"3"上打钩。   1 2 3 4 5

21. 我在等待的状态下，走神。   1 2 3 4 5

22. 如果我正在做的事情不太重要，那么我走神。   1 2 3 4 5

23. 我在一个人吃饭的时候走神。   1 2 3 4 5

24. 我在做重复的任务的时候走神。   1 2 3 4 5

25. 当我悠闲散步的时候，我走神。   1 2 3 4 5

26. 如果我正在做的事情很单调，我走神。   1 2 3 4 5

27. 我在刷牙的时候走神。   1 2 3 4 5

分问卷三：心智游移表征形式问卷

填写说明：

非常感谢您参加本次的调查研究！

以下问题中所描述的情况您可能曾经都遇到过，但是您可能不大注意。请您仔细回忆一下，然后根据自己的实际情况认真完成每一个题目。

每个问题后面会有 5 个选项，这些数字的意义分别是："1"代表很少发生，一个月可能就 1—2 次左右；"2"代表一周可能会发生 1 次左右；"3"代表 2—3 天发生一次；"4"代表平均每天发生一次；"5"代表一天发生好几次（2 次以上）。

请根据您的实际情况，作出尽量准确的选择，并在符合的数字上打钩"√"。

1. 我无意间想起最近经历的某一个情景。　　　　1　2　3　4　5

2. 纯粹的声音（没有图像）或者音乐不自觉地在我的脑海里出现。

　　　　　　　　　　　　　　　　　　　　　1　2　3　4　5

3. 过去发生的某个难忘瞬间会无意间被我想起。　1　2　3　4　5

4. 我突然想起一个曲调。　　　　　　　　　　　1　2　3　4　5

5. 我不由自主地想起过去的某个幸福或者悲伤的时刻。

　　　　　　　　　　　　　　　　　　　　　1　2　3　4　5

6. 我脑子里会不由自主地想起一首歌。　　　　　1　2　3　4　5

7. 我无意间想到一些故事情节。　　　　　　　　1　2　3　4　5

8. 会有一段旋律进入我的脑子里。　　　　　　　1　2　3　4　5

9. 我无法控制一些场景在我的脑海里重复出现。　1　2　3　4　5

10. 请在选项"5"上打钩。　　　　　　　　　　　1　2　3　4　5

11. 会有一些黑白或者彩色的图片进入我的脑海。　1　2　3　4　5

12. 一些鲜活逼真的情景出现在我脑海里。　　　　1　2　3　4　5

13. 我突然想起自己以前某个好朋友的名字。　　1　2　3　4　5

14. 我想到自己或者别人说话的某个场景。　　1　2　3　4　5

15. 有些英语单词会突然进入我的脑海里。　　1　2　3　4　5

16. 我会不由自主地想起某个场景。　　1　2　3　4　5

17. 一些电视节目的名字会无意间出现在我的脑海里。

　　　　　　　　　　　　　　　1　2　3　4　5

参考文献

1. Glauslusz, J. , *Living in a Dream World.* Scientific American: Mind, 2011. March/April: p. 24 – 31.

2. Kim, U. , Y. -S. Park, and D. Park, *The Challenge of Cross-Cultural Psychology.* Journal of Cross-Cultural Psychology, 2000. 31: p. 63 – 75.

3. Punamaki, R. -L. and M. Joustie, *The Role of Culture, Violence, and Personal Factors Affecting Dream Content.* Journal of Cross-Cultural Psychology, 1998. 29 (2): p. 320 – 342.

4. Ariga, A. and A. Lleras, *Brief and rare mental "breaks" keep you focused: Deactivation and reactivation of task goals preempt vigilance decrements.* Cognition, 2011. 118 (3): p. 439 – 443.

5. Smallwood, J. and J. W. Schooler, *The Restless Mind.* Psychological Bulletin, 2006. 132: p. 946 – 958.

6. Giambra, L. M. , *A laboratory mothod for investigating influences on switching attention to task-unrelated imagery and thought.* Consciousness and cognition, 1995. 4: p. 1 – 21.

7. Kane, M. J. , et al. , *For Whom the Mind Wanders, and When: An Experience-Sampling Study of Working Memory and Executive Control in Daily Life.* Psychological Science, 2007. 18: p. 614 – 621.

8. Scollon, C. N. , C. Kim-Prieto, and E. Diener, *Experience sampling: Promises and pitfalls, strengths and weaknesses.* Journal of Hapiness Studies, 2003. 4: p. 5 – 34.

9. Smallwood, J., M. Obonsawin, and H. Reid, *The effects of block duration and task demands on the experience of task unrelated thought.* Imagination, Cognition and Personality, 2003. 22: p. 13 – 31.

10. Teasdale, J. D., et al., *Stimulus independent thought depends upon central executive resources.* Memory and Cognition, 1995. 28: p. 551 – 559.

11. Schooler, J. W., E. D. Reichle, and H. D. Olga, *Zoning out while reading: Evidence for dissociations between experience and metaconsciousness.*, in Thinking and seeing: Visual metacognition in adults and children, D. T. Levin, Editor 2004, MIT Press. p. 203 – 226.

12. Berntsen, D., *Involuntary Autobiographical Memories.* Applied Cognitive Psychology, 1996. 10: p. 435 – 454.

13. Kvavilashvili, L. and G. Mandler, *Out of one's mind: A study of involuntary semantic memories.* Cognitive Psychology, 2004. 48: p. 47 – 94.

14. Smallwood, J., et al., *Task unrelated thought whilst encoding information.* Consciousness and cognition, 2003. 12: p. 452 – 484.

15. Smallwood, J., et al., *Subjective experience and the attentional lapse: Task engagement and disengagement during sustained attention.* Consciousness and cognition, 2004. 13: p. 657 – 690.

16. Mason, M. F., et al., *Wandering minds: The default network and stimulus-independent thought.* Science, 2007. 315: p. 393 – 395.

17. Christoff, K., J. M. Ream, and J. D. E. Gabrieli, *Neural basis of spontaneous thought processes.* Cortex, 2004. 40: p. 623 – 630.

18. Singer, J., Daydreaming. 1966, Plenum Press.

19. Berntsen, D., *Voluntary and Involuntary Access to Autobiographical Memory.* Memory, 1998. 6 (2): p. 113 – 141.

20. Smallwood, J., et al., *Mind-wandering and dysphoria.* Cognition and Emotion, 2007. 21: p. 816 – 842.

21. Smallwood, J., R. C. O'Connor, and D. Heim, *Rumination, dysphoria and subjective experience.* Imagination, Cognition and Personality, 2005. 24:

p. 355.

22. Singer, J. and J. Antrobus, *Daydreaming, imaginal processes, and personality: A normative study*, in The function and nature of imagery, P. Sheehan, Editor 1972, Academic Press. p. 175 –202.

23. McVay, J. C. , M. J. Kane, and T. R. Kwapil, *Tracking the train of thought from the laboratory into everyday life: An experience-sampling study of mind wandering across controlled and ecological contexts.* Psychonomic Bulletin & Review, 2009. 16 (5): p. 857 –863.

24. McVay, J. C. and M. J. Kane, *Conducting the Train of Thought: Working Memory Capacity, Goal Neglect, and Mind Wandering in an Executive-Control Task.* Journal of Experimental Psychology: Learning, Memory, and Cognition, 2009. 35 (1): p. 196 –204.

25. Zhiyan, T. and J. L. Singer, *Daydreaming styles, emotionality and the Big Five personality dimensions.* Imagination, Cognition and Personality, 1997. 16 (4): p. 399 –414.

26. Antrobus, J. S. , J. Singer, and S. Greenberg, *Studies in the stream of consciousness: Experimental suppression of spontaneous cognitive processes.* Perceptual and Motor Skills, 1966. 23: p. 399 –417.

27. Klinger, E. , *Daydreaming and Fantasizing: Thought Flow and Motivation*, in Handbook of Imaginaiton and Mental Simulation, K. D. Markman, W. M. P. Klein, and J. A. Suhr, Editors. 2008, Psychology Press. p. 225 –239.

28. Hurlburt, R. T. and C. L. Heavey, *Telling what we know: describing inner experience.* Trends in Cognitive Sciences, 2001. 5 (9): p. 400 –403.

29. Heavey, C. L. and R. T. Hurlburt, *The phenomena of inner experience.* Consciousness and Cognition, 2008. 17: p. 798 –810.

30. Delamillieure, P. , et al. , *The resting state questionnaire: An introspective questionnaire for evaluation of inner experience during the conscious resting state.* Brain Research Bulletin, 2010. 81: p. 565 –573.

31. Song, X. and X. Wang, *An Experience-sampling Study of Mind wandering*, in

Toward a Science of Consciousness conference 2010；Tucson.

32. Thomas，N.，*What is this autonoetic consciousness?* The journal of mind and behavior，2003. 24；p. 229 – 254.

33. Tulving，E.，*How many memory systems are there?* American Psychologist，1985. 40；p. 385 – 398.

34. D'Argembeau，A. and M. Van der Linden，*Individual differences in the phenomenology of mental time travel：The effect of vivid visual imagery and emotion regulation strategies.* Consciousness and Cognition，2006. 15 (2)；p. 342 – 350.

35. Tulving，E.，*Episodic Memory：From mind to brain.* Annual Review of Psychology，2002. 53，p. 1 – 25.

36. Robertson，L. H.，et al.，*'Oops!'：Performance correlates of everyday attentional failures in traumatic brain injured and normal subjects.* Neuropsychologia，1997. 35；p. 747 – 758.

37. Smallwood，J.，M. McSpadden，and J. W. Schooler，*When attention matters：The curious incident of the wandering mind.* Memory and Cognition，2008. 36；p. 1144 – 1150.

38. Sayette，M. A.，E. D. Reichle，and J. W. Schooler，*Lost in the sauce，The effect of alcohol on mind wandering.* Psychological Science，2009. 20；p. 747 – 752.

39. Cheyne，J. A.，et al.，*Anatomy of an error：A bidirectional state model of task engagement/disengagement and attention-related errors.* Cognition，2009. 11；p. 98 – 113.

40. Smallwood，J.，et al.，*Encoding during the attentional lapse：Accuracy of encoding during the semantic sustained attention to response task.* Consciousness and Cognition，2006. 15；p. 218 – 231.

41. Cheyne，J. A.，J. S. A. Carriere，and D. Smilek，*Absent-mindedness：Lapses of conscious awareness and everyday cognitive failures.* Consciousness and Cognition，2006. 15 (3)；p. 578 – 592.

42. Manly，T.，et al.，*The absent mind：：further investigations of sustained*

attention to response. Neuropsychologia, 1999. 37 (6): p. 661 –670.

43. Smallwood, J. M. , et al. , *Subjective experience and the attentional lapse:
Task engagement and disengagement during sustained attention.* Consciousness
and Cognition, 2004. 13: p. 657 – 690.

44. Smallwood, J. , et al. , *Segmenting the stream of consciousness: The psycho-
logical correlates of temporal structures in the time series data of a continuous
performance task.* Brain and Cognition, 2008. 66 (1): p. 50 – 56.

45. Antrobus, J. S. , *Information theory and stimulus-independentthought.* British
Journal of Psychology, 1968. 59: p. 423 – 430.

46. Baddeley, A. , *Exploring the central executive.* The Quarterly Journal of Exper-
imental Psychology, 1996. 49 (A): p. 5 – 28.

47. Weyandt, L. L. , et al. , *The Internal Restlessness Scale: Performance of
College Students With and Without ADHD.* J Learn Disabil, 2003. 36 (4):
p. 382 – 389.

48. Sonuga-Barke, E. J. S. and F. X. Castellanos, *Spontaneous attentional fluctua-
tions in impaired states and pathological conditions: A neurobiological hypothe-
sis.* Neuroscience and Biobehavioral Reviews, 2007. 31: p. 977 – 986.

49. Watts, F. N. , A. K. MacLeod, and L. Morris, *Associations between phenome-
nal and objective aspects of concentration problems in depressed patients.* British
Journal of Psychology, 1988. 79: p. 241 – 250.

50. Smallwood, J. , L. Nind, and R. C. O'Connor, *When is your head at? An
exploration of the factors associated with the temporal focus of the wandering
mind.* Consciousness and Cognition, 2009. 18: p. 118 – 125.

51. Addis, D. R. , A. T. Wong, and D. L. Schacter, *Remembering the past and
imagining the future: Common and distinct neural substrates during event con-
struction and elaboration.* Neuropsychologia, 2007. 45: p. 1363 – 1377.

52. Schacter, D. L. , D. R. Addis, and R. L. Buckner, *Episodic simulation of
future events: concepts, data, and applications.* Annals of the New York
Academy of Sciences, 2008. 1124: p. 39 – 60.

53. Helton, W. S. , *Impulsive responding and the sustained attention to response task*. Journal Of Clinical and Experimental Neuropsychology, 2009. 31: p. 39 – 47.

54. Helton, W. S. , et al. , *Global interference and spatial uncertainty in the Sustained Attention to Response Task (SART)*. Consciousness and Cognition, 2010. 19: p. 77 – 85.

55. Farrin, L. , et al. , *Effects of Depressed Mood on Objective and Subjective Measures of Attention*. J Neuropsychiatry Clin Neurosci, 2003. 15: p. 98 – 104.

56. Smallwood, J. , et al. , *Going AWOL in the Brain: Mind Wandering Reduces Cortical Analysis of External Events*. Journal of Cognitive Neuroscience, 2008. 20 (3): p. 458 – 469.

57. Song, X. and M. Zhang, *The Effect of Induced Mood on Mind-wandering and the Emotion Regulation by Wandering Mind*. Submitted.

58. Cheyne, J. A. , J. S. A. Carriere, and D. Smilek, *Absent minds and absent agents: Attention-lapse induced alienation of agency*. Consciousness and Cognition, 2009. 18 (2): p. 481 – 493.

59. O'Connell, R. G. , et al. , *Two Types of Action Error: Electrophysiological Evidence for Separable Inhibitory and Sustained Attention Neural Mechanisms Producing Error on Go/No-go Tasks*. Journal of Cognitive Neuroscience, 2008. 21: p. 93 – 104.

60. Smilek, D. , J. S. A. Carriere, and J. A. Cheyne, *Out of Mind, Out of Sight*. Psychological Science, 2010. 21 (6): p. 786 – 789.

61. Reichle, E. D. , A. E. Reineberg, and J. W. Schooler, *Eye Movements During Mindless Reading*. Psychological Science, 2010. 21: p. 1300 – 1310.

62. Flavell, J. H. , F. L. Green, and E. R. Flavell, *Children's understanding of the stream of consciousness*. Child Development, 1993. 64 (2): p. 387 – 398.

63. Flavell, J. H. , F. L. Green, and E. R. Flavell, *The mind has a mind of its own: Developing knowledge about mental uncontrollability*. Cognitive Development, 1998. 13 (1): p. 127 – 138.

64. Flavell, J. H., F. L. Green, and E. R. Flavell, *Development of Children's Awareness of Their Own Thoughts.* Journal of Cognition and Development, 2000. 1 (1): p. 97 – 112.

65. Singer, J. L., *Imagination and waiting ability in young children.* Journal of personality, 1961. 29: p. 396 – 413.

66. Taylor, M. and S. M. Carlson, *The Relation between Individual Differences in Fantasy and Theory of Mind.* Child Development, 1997. 68 (3): p. 436 – 455.

67. Taylor, M., et al., *The characteristics and correlates of fantasy in school-age children: Imaginary companions, impersonation, and social understanding.* Developmental Psychology, 2004. 40 (6): p. 1173 – 1187.

68. Trionfi, G. and E. Reese, *A good story: Children with imaginary companions create richer narratives.* Child Development, 2009. 80 (4): p. 1301 – 1313.

69. Fransson, P., et al., *Resting-state networks in the infant brain.* Proceedings of the National Academy of Sciences, 2007. 104: p. 15531 – 15536.

70. Fransson, P., et al., *The Functional Architecture of the Infant Brain as Revealed by Resting-State fMRI.* Cerebral Cortex, 2011. 21 (1): p. 145 – 154.

71. 李德明, 等, 加工速度和工作记忆在认知年老化过程中的作用. 心理学报, 2003. 35: p. 471 – 475.

72. Healey, M. K., K. L. Campbell, and L. Hasher, *Chapter 22 Cognitive aging and increased distractibility: Costs and potential benefits*, in *Progress in Brain Research*, J. -C. L. V. F. C. Wayne S. Sossin and B. Sylvie, Editors. 2008, Elsevier. p. 353 – 363.

73. Hasher, L., et al., *Age and Inhibition.* Journal of Experimental Psychology: Learning, Memory, and Cognition, 1991. 17 (1): p. 163 – 169.

74. Giambra, L. M., *A Factor Analytic Study of Daydreaming, Imaginal Process, and Temperament: a Replication on An Adult Male Life-span Sample.* J Gerontol, 1977. 32 (6): p. 675 – 680.

75. Giambra, L. M., *Task-unrelated thought frequency as a function of age: A laboratory study.* Psychology and Aging, 1989. 4: p. 136 – 143.

76. Giambra, L. M. , *The influence of aging on spontaneous shifts of attention from external stimuli to the contents of consciousness.* Experimental Gerontology, 1993. 28: p. 485 – 492.

77. Giambra, L. M. , *Frequency and Intensity of Daydreaming: Age changes and Age Differences From Late Adolescent To the Old-Old.* Imagination, Cognition and Personality, 1999 – 2000. 19: p. 229 – 267.

78. Jackson, J. D. and D. A. Balota, *Mind-wandering in younger and older adults: Converging evidence from the sustained attention to response task and reading for comprehension.* Psychology and aging, 2011: p. In press.

79. Carriere, J. S. A , et al. , *Age Trends for Failures of Sustained Attention.* Psychology and aging, 2010. 25 (3): p. 569 – 574.

80. Einstein, G. O. and M. A. Mcdaniel, *Aging and Mind Wandering: Reduced Inhibition in Older Adults?* Experimental Aging Research: An International Journal Devoted to the Scientific Study of the Aging Process, 1997. 23: p. 343 – 354.

81. Schlagman, S. , et al. , *Differential Effects of Age on Involuntary and Voluntary Autobiographical Memory.* Psychology and aging, 2009. 24 (2): p. 397 – 411.

82. Antrobus, J. S. , et al. , *Mind-wandering and cognitive structure.* Transactions of the New York Academy of Science, 1970. 32 (11): p. 242 – 252.

83. Singer, J. L. , *Daydreaming: An introduction to the experimental study of inner experience.* 1966, Crown Publishing Group/Random House.

84. Giambra, L. M. , *A factor analysis of the items of the Imaginal Processes Inventory.* Journal of Clinical Psychology, 1980. 36: p. 383 – 409.

85. Singer, J. L. and J. S. Antrobus, *A factor analytic study of daydreaming and conceptually-related cognitive and personality variables.* Personality and Motor Skills, 1963. 17 (3): p. 187 – 209.

86. Singer, J. L. and J. S. Antrobus, *Daydreaming, imaginal processes, and personality: A normative study,* in The function and nature of imagery,

P. Sheehan, Editor 1972, Academic Press.

87. Segal, B. , G. Hube, and J. L. Singer, Drugs, daydreaming and personality. 1980, Hillsdale: NJ.

88. Crawford, H. J. , *Hypnotizability, Daydreaming Styles, Imagery Vividness, and Absorption: A Multidimensional Study.* Journal of Personality and Social Psychology, 1982. 42 (5): p. 915 – 926.

89. Hube, G. J. , B. Segal, and J. L. Singer, *Consisitency of daydreaming styles across samples of college male and female drug and alcohol users.* Journal of Abnormal Psychology, 1977. 86: p. 99 – 102.

90. Jamieson, G. A. and P. W. Sheehan, *A critical evaluation of the relationship between sustained attentional abilities and hypnotic susceptibility.* Contemporary Hypnosis, 2002. 19 (2): p. 62 – 74.

91. Eli, I. , R. Baht, and S. Blacher, *Prediction of success and failure of behavior modification as treatment for dental anxiety.* European Journal Of Oral Sciences, 2004. 112 (4): p. 311 – 315.

92. Hollon, S. D. and P. C. Kendall, *Cognitive self-statements in depression: Development of an automatic thoughts questionnaire.* Cognitive Therapy and Research, 1980. 4 (4): p. 383 – 395.

93. Kendall, P. C. , B. L. Howard, and R. C. Hays, *Self-Referent Speech and Psychopathology: The Balance of Positive and Negative Thinking.* Cognitive Therapy and Research, 1989. 13 (6): p. 583 – 598.

94. Ingram, R. E. and K. S. Wisnichi, *Assessment of Positive Automatic Cognition.* Journal of Consulting and Clinical Psychology, 1988. 56 (6): p. 898 – 902.

95. Kvavilashvili, L. and G. Mandler, *Out of one's mind: A study of involuntary semantic memories.* Cognitive Psychology, 2004. 48 (1): p. 47 – 94.

96. Wallace, J. C. , S. J. Kass, and C. J. Stanny, *The Cognitive Failures Questionnaire Revisited: Dimensions and Correlates.* The Journal of General Psychology, 2002. 129 (3): p. 238 – 256.

97. Broadbent, D. E. , et al. , *The Cognitive Failures Questionnaire (CFQ) and its correlates.* British Journal of Clinical Psychology, 1982. 21: p. 1 – 16.

98. Larson, G. E. and C. R. Merritt, *Can accidents be predicted? An empirical test of the Cognitive Failures Questionnaire.* Applied Psychology: An International Review, 1991. 40: p. 37 – 45.

99. Larson, G. E. , et al. , *Further evidence on dimensionality and correlates of the Cognitive Failures Questionnaire.* British Journal of Psychology, 1997. 88: p. 29 – 38.

100. Robertson, L. H. , et al. , *'Oops!': Performance correlates of everyday attentional failures in traumatic brain injured and normal subjects.* Neuropsychologia, 1997. 35 (6): p. 747 – 758.

101. Mcvay, J. C. and M. J. Kane, *Conducting the train of thought: working memory capacity, neglect, and mind wandering in an executive-control task.* Journal of Experimental Psychology: Learning, Memory, & Cognition, 2009. 35 (1): p. 196 – 204.

102. Wallace, J. C. , *Confirmatory factor analysis of the cognitive failures questionnaire: evidence for dimensionality construct validity.* Personality and Individual Differences, 2004. 37 (2): p. 307 – 324.

103. Wagle, A. C. , G. E. Berrios, and L. Ho, *The cognitive failures questionnaire in psychiatry.* Comprehensive Psychiatry, 1999. 40 (6): p. 478 – 484.

104. Reason, J. T. , *Skill and error in everyday life*, in Adult learning, M. Howe, Editor 1977. Wiley: London.

105. Reason, J. T. , *Actions not as planned: The price of automatization*, in Aspects of consciousness, G. Underwood and R. Stevens, Editors. 1979. Academic Press. p. 67 – 89.

106. Reason, J. T. , *Lapses of attention in everyday life*, in Varieties of Attention, R. parasuraman and R. Davies, Editors. 1984. Academic Press.

107. Matthews, G. , K. Coyle, and A. Craig, *Multiple factors of cognitive failure and their relationships with stress vulnerability.* Journal of Psychopathology and

Behavioral Assessment, 1990. 12 (1): p. 49 – 65.

108. Meiran, N., et al., *Individual differences in self reported cognitive failures: The attention hypothesis revisited.* Personality and Individual Differences, 1994. 17 (6): p. 727 – 739.

109. Pollina, L. K., et al., *Dimensions of everyday memory in young adulthood.* British Journal of Psychology, 1992. 83 (3): p. 305 – 321.

110. Cheyne, J. A., J. S. A. Carriere, and D. Smilek, *Absent-mindedness: Lapses in conscious awareness and everyday cognitive failures.* Consciousness and Cognition, 2006. 15 (578 – 592).

111. Carriere, J. S. A., J. A. Cheyne, and D. Smilek, *Everyday attention lapses and memory failures: The affective consequences of mindlessness.* Consciousness and Cognition, 2008. 17: p. 835 – 847.

112. Brown, K. W. and R. M. Ryan, *The benefits of being present: Mindfulness and its role in psychological well-being.* Journal of Personality and Social Psychology, 2003. 84: p. 822 – 848.

113. Cheyne, J. A., et al., *Anatomy of an error: A bidirectional state model of task engagement/disengagement and attention-related errors.* Cogniton, 2009. 111: p. 98 – 113.

114. Matthews, G., et al., *Fundamental Dimensions of Subjective State in Performance Settings: Task Engagement, Distress, and Worry.* Emotion, 2002. 2 (4): p. 315 – 340.

115. Matthews, G., et al., *Validation of a comprehensive stress state questionnaire: Towards a state "Big three"* ?, in Personality psychology in Europe, I. Mervielde, et al., Editors. 1999. Tilburg University Press. p. 335 – 350.

116. Matthews, G. and A. Desmond, *Task-induced fatigue states and simulated driving performance.* Quarterly Journal of Experimental Psychology: Human Experimental Psychology, 2002. 55: p. 659 – 689.

117. Weyandt, L., B. Hays, and S. Schepman, *The Construct Validity of the Internal Restlessness Scale.* Assessment for Effective Intervention, 2005. 30

(3): p. 53 – 63.

118. Weyandt, L. , I. Linterman, and J. Rice, *Reported prevalence of attentional difficulties in a general sample of college students.* Journal of Psychopathology and Behavioral Assessment, 1995. 17 (3): p. 293 – 304.

119. Buckner, R. L. , J. R. Andrews-Hanna, and D. L. Schacter, *The Brain's Default Network Anatomy, Function, and Relevance to Disease.* Annals of the New York Academy of Sciences, 2008. 1124: p. 1 – 38.

120. Gilbert, S. J. , et al. , *Performance-related activity in medial rostral prefrontal cortex (area 10) during low-demand tasks.* Journal of Experimental Psychology: Human Perception and Performance, 2006. 32: p. 45 – 58.

121. Gilbert, S. J. , et al. , *Comment on "Wandering Minds: The Default Network and Stimulus-Independent Thought".* Science, 2007. 317: p. 43.

122. Raichle, M. E. , *The brain's dark energy.* Science, 2006. 314 (5803): p. 1249 – 1250.

123. Bargh, J. A. , et al. , *The Automated Will: Nonconscious Activation and Pursuit of Behavioral Goals.* Journal of Personality and Social Psychology, 2001. 81 (6): p. 1014 – 1027.

124. Christoff, k. , A. Gordon, and R. Smith, *The role of spontaneous thought in human cognition*, in Neuroscience of Decision Making, O. Vartanian and D. R. Mandel, Editors. 2009. Psychology Press.

125. Maquet, P. , *Sleep on it!* Nat Neurosci, 2000. 3: p. 1235 – 1236.

126. Dijksterhuis, et al. , *On Making the Right Choice: The Deliberation-Without-Attention Effect.* Science, 2006. 311: p. 1005.

127. 唐孝威, 心智的无意识活动. 2008. 浙江大学出版社.

128. Koch, C. and N. Tsuchiya, *Attention and consciousness: two distinct brain processes.* Trends in Cognitive Sciences, 2007. 11: p. 16 – 22.

129. Bos, M. W. , A. Dijksterhuis, and R. B. v. Baaren, *On the goal-dependency of unconscious thought.* Journal of Experimental Social Psychology, 2008. 44 p. 1114 – 1120.

130. Dijksterhuis, A. , *Think Different*: *The Merits of Unconscious Thought in Preference Development and Decision Making.* Journal of Personality and Social Psychology, 2004. 87 (5): p. 586 – 598.

131. Dijksterhuis, A. and L. Nordgren, *A theory of unconscious thought.* Perspectives on Psychological Science, 2006. 1 (2): p. 95.

132. Jaap Ham, Kees van den Bos, and E. A. V. Doom, *Lady Justice Thinks Unconsciously*: *Unconscious Thought Can Lead to More Accurate Justice Judgments.* Social cognition, 2009. 27: p. 509 – 521.

133. Lerouge, D. , *Evaluating the benefits of distraction on product evaluations*: *The mind-set effect.* Journal of consumer research, 2009. 36 (3): p. 367 – 379.

134. Smith, P. , A. Dijksterhuis, and D. Wigboldus, *Powerful people make good decisions even when they consciously think.* Psychological Science, 2008. 19 (12): p. 1258.

135. Strick, M. , A. Dijksterhuis, et al. , *A Meta-Analysis on Unconscious Thought Effects.* Social cognition, 2011. 29 (6): 738 – 762.

136. Strick, M. , A. Dijksterhuis, et al. , *Unconscious-thought effects take place off-line, not on-line.* Psychological Science, 2010. 21 (4): 484 – 487.

137. Bos, M. W. , A. Dijksterhuis, and R. B. van Baaren, *The benefits of "sleeping on things"*: *Unconscious thought leads to automatic weighting.* Journal of Consumer Psychology, 2010. 21 (1): 4 – 8.

138. Wiel, M. , H. Boshuizen, et al. , *Expertise Effects on Immediate, Deliberate and Unconscious Thought in Complex Decision Making*, *in* The Annual Meeting of the Cognitive Science Society. 2009: Netherlands.

139. Dijksterhuis, A. and L. F. Nordgren, *A theory of unconscious thought.* Perspectives on Psychological Science, 2006. 1: p. 95 – 109.

140. Dijksterhuis, A. , *Think different*: *The merits of unconscious thought in preference development and decision making.* Journal of personality and social psychology, 2004. 87: 586 – 598.

141. Dijksterhuis, A., et al., *Predicting Soccer Matches After Unconscious and Conscious Thought as a Function of Expertise.* Psychological Science, 2009. 20: p. 1381 – 1387.

142. Dijksterhuis, A. and T. Meurs, *Where creativity resides: The generative powerof unconscious thought.* Consciousness and Cognition, 2006. 15: p. 135 – 146.

143. Zhong, C. -B., A. Dijksterhuis, and A. Galinsky, *The Merits of Unconscious Thought in Creativity.* Psychological Science, 2008. 19: p. 912 – 918.

144. Wilson, M. A. and B. L. McNaughton, *Reactivation of hippocampal ensemble memories during sleep,* 1994. p. 676 – 679.

145. Ji, D. and M. A. Wilson, *Coordinated memory replay in the visual cortex and hippocampus during sleep.* Nat Neurosci, 2007. 10: p. 100 – 107.

146. Peigneux, P., Laureys, S., et al., *Are Spatial Memories Strengthened in the Human Hippocampus during Slow Wave Sleep?* Neuron, 2004. 44: p. 535 – 545.

147. Maquet, P., et al., *Experience-dependent changes in cerebral activation during human REM sleep.* Nat Neurosci, 2000. 3: p. 831 – 836.

148. Ji, D. and M. A. Wilson, *Coordinated memory replay in the visual cortex and hippocampus during sleep.* Nat Neurosci, 2007. 10 (1): p. 100 – 107.

149. Miller, G., *Hunting for meaning after midnight.* Science, 2007. 315: p. 1360 – 1366.

150. 唐孝威, 梦的本质——兼评弗洛伊德理论. 2005. 吉林人民出版社.

151. Nielsen, T. A. and P. Stenstrom, *What are the memory sources of dreaming?* Nature, 2005. 437: p. 1286 – 1289.

152. Grenier, J., et al., *Temporal references in dreams and autobiographical memory.* Memory & Cognition, 2005. 33 (2): p. 280 – 288.

153. Blackmore, S., *Consciousness: An Introduction.* 2003. Oxford University Press.

154. Hobson, J. A., et al., *To dream or not to dream? Relevant data from new*

neuroimaging and electrophysiological studies. Current Opinion in Neurobiolo-gy, 1998. 8 (2): p. 239 – 244.

155. Paller, K. A. and J. L. Voss, *Memory reactivation and consolidation during sleep.* Learning and Memory, 2004. 11: p. 664 – 670.

156. Stickgold, R., et al., *Replaying the Game: Hypnagogic Images in Normals and Amnesics* Science, 2000. 290: p. 350 – 353.

157. Cavallero, C., et al., *Memory sources of REM and NREM dreams.* Sleep, 1990. 13: p. 449 – 455.

158. Foster, D. J. and M. A. Wilson, *Reverse replay of behavioural sequences in hippocampal place cells during the awake state.* Nature, 2006. 440 (7084): p. 680 – 683.

159. Peigneux, P., R. Schmitz, and S. Willems, *Cerebral asymmetries in sleep-dependent processes of memory consolidation.* Learning and Memory, 2007. 14: p. 400 – 406.

160. Peigneux, P., et al., *Memory processing during sleep mechanisms and evidence from neuroimaging studies.* Psychologica Belgica, 2004. 44: p. 121 – 142.

161. Ellenbogen, J. M., et al., *Human relational memory requires time and sleep.* Proceedings of the National Academy of Sciences, 2007. 104 (18): p. 7723 – 7728.

162. Peigneux, P., et al., *Offline Persistence of Memory-Related Cerebral Activity during Active Wakefulness.* PLoS Biol, 2006. 4 (4): p. e100.

163. 邵志芳, 思维心理学. 2007. 华东师范大学出版社.

164. Bourne, L. E. and R. L. Dominowski, *Thinking.* Annual Review of Psychology, 1972. 23 (1): p. 105 – 130.

165. Solso, R. L., M. K. Maclin, and O. H. Maclin, Cognitive Psychology. 2004. Pearson Education Asia Limited and Peking University press.

166. Heilman, K. M., S. E. Nadeau, and D. O. Beversdorf, *Creative Innovation: Possible Brain Mechanisms.* Neurocase: The Neural Basis of Cogni-

tion, 2003. 9 (5): p. 369 – 379.

167. Carlsson, I., P. E. Wendt, and J. Risberg, *On the neurobiology of creativity. Differences in frontal activity between high and low creative subjects.* Neuropsychologia, 2000. 38 (6): p. 873 – 885.

168. Jung-Beeman, M., et al., *Neural Activity When People Solve Verbal Problems with Insight.* PLos Biology, 2004. 2 (4): p. e97.

169. Howard-Jones, P. A., et al., *Semantic divergence and creative story generation: An fMRI investigation.* Cognitive Brain Research, 2005. 25: p. 240 – 250.

170. Kounios, J., et al., *The Prepared Mind: Neural Activity Prior to Problem Presentation Predicts Subsequent Solution by Sudden Insight.* Psychological Science, 2006. 17 (10): p. 882 – 890.

171. Becker, M. W. and M. Leinenger, *Attentional Selection Is Biased Toward Mood-Congruent Stimuli.* Emotion, 2011. 11 (5): p. 1248 – 1254.

172. Schacter, D. L., Searching for memory: The brain, the mind, and the past. 1996. Basic Books.

173. Teasdale, J. D., *Emotional processing, three modes of mind and the prevention of relapse in depression.* Behaviour Research&Therapy, 1999. Suppl 1: p. S53 – 77.

174. Watkins, E. R., *Constructive and unconstructive repetitive thought.* Psychological Bulletin, 2008. 134: p. 163 – 206.

175. Seibert, P. and H. Ellis, *Irrelevant thoughts, emotional mood states, and cognitive task performance.* Memory & Cognition, 1991. 19 (5): p. 507 – 513.

176. Smallwood, J., et al., *The relationship between rumination, dysphoria and self-referent thinking: Some preliminary findings.* Imagination, Cognition and Personality, 2003. 22: p. 317 – 342.

177. Smallwood, J., et al., *The consequences of encoding information on the maintenance of internally generated images and thoughts: The role of meaning*

complexes. Consciousness and cognition, 2004. 13: p. 789 – 820.

178. Smallwood, J., et al., *Shifting moods, wandering minds: Negative moods lead the mind to wander.* Emotion, 2009. 9: p. 271 – 276.

179. Jefferies, L. N., et al., *Emotional Valence and Arousal Interact in Attentional Control.* Psychological Science (Wiley-Blackwell), 2008. 19 (3): p. 290 – 295.

180. Ohman, A., A. flykt, and F. Esteves, *Emotion drives attention: Detecting the snake in the grass.* Journal of Experimental Psychology: General, 2001. 130: p. 466 – 478.

181. 李芳，朱昭红，白学军，高兴和悲伤电影片段诱发情绪的有效性和时间进程．心理与行为研究，2008. 7: p. 32 – 38.

182. 郑希付，不同情绪模式图片的和词语刺激启动的时间效应．心理学报，2004. 36: p. 545 – 549.

183. 蒋重清，肖艳丽，刘颖，有关情绪心理实验中情绪变量的操控技术．辽宁师范大学学报，2010. 33: p. 48 – 50.

184. Smallwood, J., *Why the global availability of mind wandering necessitates resource competition: Reply to McVay and Kane* (2010). Psychological Bulletin, 2010. 136: p. 202 – 207.

185. McVay, J. C. and M. J. Kane, *Does mind wandering reflect executive function or executive failure? Comment on Smallwood and Schooler* (2006) *and Watkins* (2008). Psychological Bulletin, 2010. 136: p. 188 – 197.

186. Klinger, E., J. A. Singer, and P. Salovey, Thought flow: Properties and mechanisms underlying shifts in content, in At play in the fields of consciousness: Essays in honor of Jerome L. Singer. 1999, Lawrence Erlbaum Associates Publishers. p. 29 – 50.

187. Olivers, C. N. L. and S. Nieuwenhuis, *The Beneficial Effect of Concurrent Task-Irrelevant Mental Activity on Temporal Attention.* Psychological Science, 2005. 16 (4): p. 265 – 269.

188. 王晓，心智游移与负性情绪关系的实证研究，2011，浙江师范大学心理学

系：杭州

189. Higgins, E. T. , *Self-diserepaney: A theory relating Self and affect.* Psychological Review, 1987. 94: p. 319 – 340.

190. Buckner, R. L. and D. C. Carroll, *Self-projection and the brain.* Trends in Cognitive sciences, 2006. 11: p. 49 – 57.

191. Bar, M. , *The proactive brain: using analogies and associations to generate predictions.* Trends in Cognitive Sciences, 2007. 11 (7): p. 280 – 289.

192. Bar, M. , et al. , *The units of thought.* Hippocampus, 2007. 17: p. 420 – 428.

193. Schacter, D. L. , D. R. Addis, and R. L. Buckner, *Remembering the past to imagine the future: the prospective brain.* Nature Reviews Neuroscience, 2007. 8: p. 657 – 661.

194. Nolen-Hoeksema, S. and J. Morrow, *A Prospective Study of Depression and Posttraumatic Stress Symptoms After a Natural Disaster: The* 1989 *Loma Prieta Earthquake.* Journal of Personality and Social Psychology, 1991. 61 (1): p. 115 – 121.

195. O'Connor, R. C. , et al. , *Predicting short-term outcome in well being following suicidal behaviour: The conjoint effects of social perfectionism and positive future thinking.* Behaviour Research and Therapy, 2007. 45 (7): p. 1543 – 1555.

196. Smallwood, J. and R. C. O'Connor, *Imprisoned by the past: Unhappy moods lead to a retrospective bias to mind wandering.* Cognition & Emotion, 2011: p. 1 – 10.

197. Schooler, J. W. , E. D. Reichle, and H. D. Olga, *Zoning out while reading: Evidence for dissociations between experience and metaconsciousness. , in Thinking and seeing: Visual metacognition in adults and children,* D. T. Levin, Editor 2005, MIT Press. : Cambridge MA. p. 203 – 226.

198. Freud. , S. , *Creative writers and daydreaming, in The standard edition of the complete psychological works of Sigmund Freud,* J. Strachy, Editor.

1962. Hogarth. p. 142 – 152.

199. Singer, J. L. , Daydreaming and Fantas. 1981. Oxford University Press

200. Cohn, M. A. , et al. , *Happiness unpacked: Positive emotions increase life satisfaction by building resilience.* emotion, 2009. 9: p. 361 – 368.

201. Baars, B. J. , *Spontaneous repetitive thoughts can be adaptive: Postscript on mind wandering.* Psychological Bulletin, 2010. 136: p. 208 – 210.

202. Conway, M. , et al. , *On Assessing Individual Differences in Rumination on Sadness.* Journal of Personality Assessment, 2000. 75 (3): p. 404 – 425.

203. Killingsworth, M. A. and D. T. Gilbert, *A Wandering Mind Is an Unhappy Mind.* Science, 2010. 330: p. 932.

204. Williams, J. M. G. , et al. , *Autobiographical memory specificity and emotional disorder.* Psychological Bulletin, 2007. 133: p. 122 – 148.

205. Evans, J. , et al. , *Autobiographical memory and problem-solving strategies of parasuicide patients.* psychological Medicine, 1992. 22: p. 399 – 405.

206. Beck, A. T. , *Cognitive Therapy and the Emotional Disorders* 1976, New York: Meridian.

207. Teasdale, J. D. , et al. , *Prevention of relapse/recurrence in major depression by mindfulness-based cognitive therapy.* Journal of Consulting and Clinical Psychology, 2000. 68: p. 615 – 623.

208. Fox, M. D. and M. E. Raichle, *Spontaneous fluctuations in brain activity observed with functional magnetic resonance imaging.* Nat Rev Neurosci, 2007. 8 (9): p. 700 – 711.

209. Raichle, M. E. and M. A. Mintun, *Brain work and brain imaging.* Annu. Rev. Neurosci, 2006. 29: p. 449 – 476.

210. Vincent, J. L. , et al. , *Intrinsic functional architecture in the anaesthetized monkey brain.* Nature, 2007. 447: p. 83 – 88.

211. Damoiseaux, J. S. , et al. , *Consistent resting-state networks across healthy subjects.* Proceedings of the National Academy of Sciences, 2006. 103 (37): p. 13848 – 13853.

212. Biswal, B., et al., *Functional connectivity in the motor cortex of resting human brain using echo-planar mri*, 1995. p. 537 – 541.

213. Cordes, D., et al., *Mapping Functionally Related Regions of Brain with Functional Connectivity MR Imaging.* American Journal of Neuroradiology, 2000. 21 (9): p. 1636 – 1644.

214. Vincent, J. L., et al., *Coherent Spontaneous Activity Identifies a Hippocampal-Parietal Memory Network.* Journal of Neurophysiology 2006. 96 (6): p. 3517 – 3531.

215. Fox, M. D., et al., *Spontaneous neuronal activity distinguishes human dorsal and ventral attention systems.* Proceedings of the National Academy of Sciences, 2006. 103 (26): p. 10046 – 10051.

216. Fox, M. D., et al., *The human brain is intrinscially organized into dynamic, anticorrelated functinal networks.* Proceedings of the National Academy of Sciences, 2005. 102: p. 9673 – 9678.

217. Greicius, M. D., et al., *Functional connectivity in the resting brain: A network analysis of the default mode hypothesis.* Proceedings of the National Academy of Sciences, 2003. 100: p. 253 – 258.

218. Fransson, P., *How default is the default mode of brain function? Further evidence from intrinsic BOLD signal fluctuations.* Neuropsychologia, 2006. 44: p. 2836 – 2845.

219. Arfanakis, K., et al., *Combining independent component analysis and correlation analysis to probe interregional connectivity in fMRI task activation datasets* Magnetic Resonance Imaging, 2000. 18: p. 921 – 930.

220. De Luca, M., et al., *Blood oxygenation level dependent contrast resting state networks are relevant to functional activity in the neocortical sensorimotor system.* Experimental Brain Research, 2005. 167 (4): p. 587 – 594.

221. Seeley, W. W., et al., *Dissociable Intrinsic Connectivity Networks for Salience Processing and Executive Control.* The Journal of Neuroscience, 2007. 27 (9): p. 2349 – 2356.

222. Hampson, M., et al., *Brain Connectivity Related to Working Memory Performance.* The Journal of Neuroscience, 2006. 26 (51): p. 13338 – 13343.

223. Shmuel, A., et al., *Negative functional MRI response correlates with decreases in neuronal activity in monkey visual area V1.* Nature neuroscience, 2006. 9: p. 9.

224. Shulman, G. L., et al., *Common blood flow changes across visual tasks: II. Decreases in cerebral cortex.* Journal of cognitive neuroscience, 1997. 9: p. 648 – 663.

225. Binder, J. R., et al., *Conceptual processing during the conscious resting state: A functional MRI study.* Journal of Cognitive Neuroscience, 1999. 11: p. 80 – 83.

226. Mazoyer, B., et al., *Cortical networks for working memory and executive functions sustain the conscious resting state in man.* Brain Research Bulletin, 2001. 54 (3): p. 287 – 298.

227. McKiernan, K. A., et al., *A parametric manipulation of factors affecting task-induced deactivation in functional neuroimaging.* Journal of cognitive neuroscience, 2003. 15: p. 394 – 408.

228. Gusnard, D. A. and M. E. Raichle, *Searching for a baseline: Functional imaging and the resting human brain.* . Nature Review of Neuroscience, 2001. 2: p. 685 – 694.

229. Raichle, M. E., et al., *A default mode of brain function.* Proceedings of the National Academy of Sciences, 2001. 98: p. 676 – 682.

230. Gusnard, D. A., et al., *Medial prefrontal cortex and self-referential mental activity: Relation to a default mode of brain function.* Proceedings of the National Academy of Sciences, 2001. 98: p. 4259 – 4264.

231. Greicius, M. D., et al., *Default-mode network activity distinguishes Alzheimer's disease from healthy aging: Evidence from functional MRI.* Proceedings of the National Academy of Sciences, 2004. 101 (13): p. 4637 – 4642.

232. Fransson, P. , *Spontaneous Low-Frequency BOLD Signal Fluctuations: An fMRI Investigation of the Resting-State Default Mode of Brain Function Hypothesis.* Human Brain Mapping, 2005. 26: p. 15 – 29.

233. Kondo, H. , K. S. Saleem, and J. L. Price, *Differential connections of the perirhinal and parahippocampal cortex with the orbital and medial prefrontal networks in macaque monkeys.* The Journal of Comparative Neurology, 2005. 493 (4): p. 479 – 509.

234. Andrews-Hanna, J. R. , et al. , *Disruption of Large-Scale Brain Systems in Advanced Aging.* Neuron, 2007. 56: p. 924 – 935.

235. Damoiseaux, J. S. , et al. , *Reduced resting-state brain activity in the "default network" in normal aging.* Cerebral Cortex, 2007, 18: p. 1856 – 64.

236. Wang, K. , et al. , *Altered Functional Connectivity in Early Alzheimer's Disease: A Resting-State fMRI Study.* Human Brain Mapping, 2007. 28: p. 967 – 978.

237. Lustig, C. , et al. , *Functional deactivations: Change with age and dementia of the Alzheimer type.* Proceedings of the National Academy of Sciences, 2003. 100 (24): p. 14504 – 14509.

238. Wang, L. , et al. , *Changes in hippocampal connectivity in the early stages of Alzheimer's disease: Evidence from resting state fMRI.* NeuroImage, 2006. 31 (2): p. 496 – 504.

239. Kennedy, D. P. , E. Redcay, and E. Courchesne, *Failing to deactive: Resing functional abnormalities in autism.* Proceedings of the National Academy of Sciences, 2006. 103: p. 8275 – 8280.

240. Anand, A. , et al. , *Activity and Connectivity of Brain Mood Regulating Circuit in Depression: A Functional Magnetic Resonance Study.* Biological Psychiatry, 2005. 57 (10): p. 1079 – 1088.

241. Lowe, M. J. , et al. , *Multiple Sclerosis: Low-Frequency Temporal Blood Oxygen Level-Dependent Fluctuations Indicate Reduced Functional Connectivity initial Results.* Radiology, 2002. 224 (1): p. 184 – 192.

242. Garrity, *Aberrant 'default mode' functional connectivity in schizophreni-a.* American Journal of Psychiatry, 2007. 164 (7): p. 1123 – 1123.

243. Williamson, P. , *Are Anticorrelated Networks in the Brain Relevant to Schizo-phrenia?* Schizophrenia Bulletin, 2007. 33: p. 994 – 1003.

244. Tian, L. , et al. , *Altered resting-state functional connectivity patterns of ante-rior cingulate cortex in adolescents with attention deficit hyperactivity disor-der.* Neuroscience Letters, 2006. 400 (1 – 2): p. 39 – 43.

245. Hahn, B. , T. J. Ross, and E. A. Stein, *Cingulate Activation Increases Dy-namically with Response Speed under Stimulus Unpredictability.* Cerebral Cor-tex, 2007. 17 (7): p. 1664 – 1671.

246. Mesulam, M. M. , Principles of Behavioral and Cognitive Neurology, 2000. Oxford University Press.

247. Andreasen, N. C. , et al. , *Remembering the past: two facets of episodic memory explored with positron emission tomography.* American Journal of Psy-chiatry, 1995. 152 (11): p. 1576 – 1585.

248. Svoboda, E. , M. C. McKinnon, and B. Levine, *The functional neuroanato-my of autobiographical memory: A meta-analysis.* Neuropsychologia, 2006. 44 (12): p. 2189 – 2208.

249. Schacter, D. L. and D. R. Addis, *The cognitive neuroscience of constructive memory: remembering the past and imagining the future.* Philosophical Trans-actions of the Royal Society B-Biological Sciences, 2007. 362 (1481): p. 773 – 786.

250. Okuda, J. , et al. , *Thinking of the future and past: the roles of the frontal pole and the medial temporal lobes.* NeuroImage, 2003. 19 (4): p. 1369 – 1380.

251. Botzung, A. , E. Denkova, and L. Manning, *Experiencing past and future personal events: Functional neuroimaging evidence on the neural bases of mental time travel.* Brain and Cognition, 2008. 66 (2): p. 202 – 212.

252. Addis, D. R. and D. L. Schacter, *Constructive episodic simulation: Temporal*

distance and detail of past and future events modulate hippocampal engagement. Hippocampus, 2008. 18 (2): p. 227 – 237.

253. Saxe, R. , S. Carey, and N. Kanwisher, *Understanding Other Minds: Linking Developmental Psychology and Functional Neuroimaging.* Annual Review of Psychology 2004. 55 (1): p. 87 – 124.

254. Amodio, D. M. and C. D. Frith, *Meeting of minds: the medial frontal cortex and social cognition.* Nature Reviews Neuroscience, 2006. 7 (4): p. 268 – 277.

255. Greene, J. D. , et al. , *An fMRI Investigation of Emotional Engagement in Moral Judgment.* Science, 2001. 293 (5537): p. 2105 – 2108.

256. Gillihan, S. J. and M. J. Farah, *Is self special? A critical review of evidence from experimental psychology and cognitivie neuroscience.* Psychological Bulletin, 2005. 131 (1): p. 76 – 97.

257. Kjaer, T. W. , M. Nowak, and H. C. Lou, *Reflective Self-Awareness and Conscious States: PET Evidence for a Common Midline Parietofrontal Core.* NeuroImage, 2002. 17: p. 1080 – 1086.

258. Fossati, P. , et al. , *In Search of the Emotional Self: An fMRI Study Using Positive and Negative Emotional Words.* American Journal of Psychiatry, 2003. 160: p. 1938 – 1945.

259. Gusnard, D. A. , et al. , *Medial prefrontal cortex and self-referential mental activity: Relation to a default mode of brain function.* PNAS, 2001. 98: p. 4259 – 4264.

260. Lieberman, M. D. , J. M. Jarcho, and A. B. Satpute, *Evidence-based and intuition-based self-knowledge: an FMRI study.* Journal of Personality and Social Psychology, 2004. 87: p. 421 – 435.

261. D'Argembeau, A. , et al. , *Self-referential reflective activity and its relationship with rest: a PET study.* NeuroImage, 2005. 25 (2): p. 616 – 624.

262. Keenan, J. P. , et al. , *Self-recognition and the right hemisphere.* Nature Neuroscience, 2001. 409: p. 305.

263. Kelley, W. M. , et al. , *Finding the Self? An Event-Related fMRI Study*, Journal of Cognitive Neuroscience, 2002. 14 (5): 785 –794.

264. Schmitz, T. W. , T. N. Kawahara-Baccus, and S. C. Johnson, *Metacognitive evaluation, self-relevance, and the right prefrontal cortex.* NeuroImage, 2004. 22 (2): p. 941 –947.

265. Schmitz, T. W. and S. C. Johnson, *Self-appraisal decisions evoke dissociated dorsal — ventral aMPFC networks.* NeuroImage, 2006. 30 (3): p. 1050 – 1058.

266. Johnson, S. C. , et al. , *Neural correlates of self-reflection.* Brain, 2002. 125: p. 1808 – 1814.

267. Moran, J. M. , et al. , *Neuroanatomical Evidence for Distinct Cognitive and Affective Components of Self*, 2006, MIT Press. p. 1586 – 1594.

268. Schneider, F. , et al. , *The resting brain and our self: Self-relatedness modulates resting state neural activity in cortical midline structures.* Neuroscience, 2008. 157 (1): p. 120 – 131.

269. Northoff, G. , et al. , *Self-referential processing in our brain—A meta-analysis of imaging studies on the self.* NeuroImage, 2006. 31: p. 440 –457.

270. Northoff, G. and F. Bermpoh, *Cortical midline structures and the self.* Trends in Cognitive sciences, 2004. 8 (3): p. 102 – 107.

271. Wagner, A. D. , et al. , *Parietal lobe contributions to episodic memory retrieval.* Trends in Cognitive Sciences, 2005. 9: p. 445 –453.

272. Kelley, W. M. , et al. , *Finding the Self? An Event-Related fMRI Study.* Journal of Cognitive Neuroscience, 2002. 14 (5): p. 785 –794.

273. Saxe, R. and N. Kanwisher, *People thinking about thinking people: The role of the temporo-parietal junction in "theory of mind".* NeuroImage, 2003. 19 (4): p. 1835 – 1842.

274. Szpunar, K. K. , J. M. Watson, and K. B. McDermott, *Neural substrates of envisioning the future.* Proceedings of the National Academy of Sciences, 2007. 104: p. 642 –647.

275. Christoff, K., et al., *Evaluating Self-Generated Information: Anterior Prefrontal Contributions to Human Cognition.* Behavioral Neuroscience, 2003. 117 (6): p. 1161 – 1168.

276. Mitchell, J. P., C. N. Macrae, and M. R. Banaji, *Dissociable Medial Prefrontal Contributions to Judgments of Similar and Dissimilar Others.* Neuron, 2006. 50 (4): p. 655 – 663.

277. McGuire, P. K., et al., *Brain activity during stimulus independent thought.* Neuroreport, 1996. 7: p. 2095 – 2099.

278. McKiernan, K. A., et al., *Interrupting the "stream of consciousness": An fMRI investigation.* NeuroImage, 2006. 29: p. 1185 – 1191.

279. Goldberg, I. I., M. Harel, and R. Malach, *When the Brain Loses Its Self: Prefrontal Inactivation during Sensorimotor Processing.* Neuron, 2006. 50: p. 329 – 339.

280. Otten, L. J. and M. D. Rugg, *When more means less: neural activity related to unsuccessful memory encoding.* Current Biology, 2001. 11 (19): p. 1528 – 1530.

281. Li, C. -S. R., et al., *Greater activation of the "default" brain regions predicts stop signal errors.* NeuroImage, 2007. 38 (3): p. 640 – 648.

282. Esposito, F., et al., *Independent component model of the default-mode brain function: Assessing the impact of active thinking.* Brain Research Bulletin, 2006. 70 (4 – 6): p. 263 – 269.

283. Boly, M., et al., *Consciousness and cerebral baseline activity fluctuations.* Human Brain Mapping, 2008. 29 (7): p. 868 – 874.

284. Baars, B. J., T. Z. Ramsøy, and S. Laureys, *Brain, conscious experience and the observing self.* Trends in Neurosciences, 2003. 26 (12): p. 671 – 675.

285. Laureys, S., *The neural correlate of (un) awareness: lessons from the vegatative state.* Trends in Cognitive Sciences, 2005. 9: p. 556 – 559.

286. Rees, G., *Neural correlates of the contents of visual awareness in humans.*

Philos Trans R Soc Lond B Biol Sci, 2007. 362: p. 877 – 886.

287. De Luca, M., et al., *fMRI resting state networks define distinct modes of long-distance interactions in the human brain.* NeuroImage, 2006. 29 (4): p. 1359 – 1367.

288. Boly, M., et al., *Baseline brain activity fluctuations predict somatosensory perception in humans.* Proceedings of the National Academy of Sciences, 2007. 104 (29): p. 12187 – 12192.

289. Golland, Y., et al., *Extrinsic and Intrinsic Systems in the Posterior Cortex of the Human Brain Revealed during Natural Sensory Stimulation.* Cerebral Cortex, 2007. 17 (4): p. 766 – 777.

290. Tian, L., et al., *The relationship within and between the extrinsic and intrinsic systems indicated by resting state correlational patterns of sensory cortices.* Neuroimage, 2007. 36 (3): p. 684 – 690.

291. Bar, M. and E. Aminoff, *Cortical Analysis of Visual Context.* Neuron, 2003. 38: p. 347 – 358.

292. Fleck, M. S., et al., *Role of Prefrontal and Anterior Cingulate Regions in Decision-Making Processes Shared by Memory and Nonmemory Tasks.* Cerebral Cortex, 2006. 16 (11): p. 1623 – 1630.

293. Elliott, R., R. J. dolan, and C. D. Frith, *Dissociable Functions in the Medial and Lateral Orbitofrontal Cortex: Evidence from Human Neuroimaging Studies.* Cerebral Cortex, 2000. 10: p. 308 – 317.

294. Raichle, M. E. and D. A. Gusnard, *Intrinsic brain activity sets the stage for expression of motivated behavior.* The Journal of Comparative Neurology, 2005. 493: p. 167 – 176.

295. Buckner, R. L. and J. L. Vincent, *Unrest at rest: Default activity and spontaneous network correlations.* NeuroImage, 2007. 37: p. 1091 – 1096.

296. Raichle, M. E. and A. Z. Snyder, *A Default Mode of Brain Function: A Brief History of an Evolving Idea.* NeuroImage, 2007. 37: p. 1083 – 1090.

297. Rilling, J. K., et al., *A comparison of resting-state brain activity in humans*

and chimpanzees. Proceedings of the National Academy of Sciences. 104: p. 17146 – 17151.

298. Fukunaga, M., et al., *Large-amplitude, spatially correlated fluctuations in BOLD fMRI signals during extended rest and early sleep stages.* Magnetic Resonance Imaging, 2006. 24 (8): p. 979 – 992.

299. Horovitz, S. G., et al., *Low frequency BOLD fluctuations during resting wakefulness and light sleep: A simultaneous EEG-fMRI study.* Human Brain Mapping, 2008. 29 (6): p. 671 – 682.

300. Weissman, D. H., et al., *The neural bases of momentary lapses in attention.* Nat Neurosci, 2006. 9 (7): p. 971 – 978.

301. Preminger, S., T. Harmelech, and R. Malach, *Stimulus free thoughts induce differential activation in the human defualt network.* NeuroImage, 2010. 54: p. 1692 – 1702.

302. Andrews-Hanna, J. R., et al., *Evidence for the Default Network's Role in Spontaneous Cognition.* Journal of Neurophysiology, 2010. 104 (1): p. 322 – 335.

303. Spreng, R. N., R. A. Mar, and A. S. N. Kim, *The common neural basis of autobiographical memory, prospection, navigation, theory of mind, and the default mode: a quantitative meta-analysis.* Journal of Cognitive Neuroscience, 2009. 21: p. 489 – 510.

304. 宋晓兰, 心智游移现象及其脑机制研究, 2009, 浙江大学心理学系: 杭州.

305. Larson-Prior, L. J., et al., *Cortical network functional connectivity in the descent to sleep.* Proceedings of the National Academy of Sciences, 2009. 106 (11): p. 4489 – 4494.

306. Greicius, M. D., et al., *Persistent default-mode network connectivity during light sedation.* Human Brain Mapping, 2008. 29: p. 839 – 47.

307. Lu, H., et al., *Synchronized delta oscillations correlate with the resting-state functional MRI signal.* Proceedings of the National Academy of Sciences,

2007. 104 （46）: p. 18265 – 18269.

308. Raichle, M. E. , *Two views of brain function.* Trends in Cognitive Sciences, 2010. 14 （4）: p. 180 – 190.

309. Baars, B. J. , A cognitive theory of consciousness, 1998. Cambridge Univer-stiy Press.

310. Dehaene, S. and L. Naccache, *Towards a cognitive neuroscience of conscious-ness: basic evidence and a workspace framework.* Cognition, 2001. 79: p. 1 – 37.

311. Baars, B. J. , *The conscious access hypothesis: origins and recent evi-dence.* Trends in Cognitive Sciences, 2002. 6: p. 47 – 52.

312. Baars, B. J. , *In the theatre of consciousness: Global workspace theory, a rigorous scientific theory of consciousness.* Journal of consciousness studies, 1997. 4: p. 292 – 309.

313. Baars, B. J. , *The function of consciousness.* Trends in Cognitive Neuro-science, 1998. 21: p. 1.

314. Bar, M. and I. Biederman, *Localizing the cortical region mediating visual awareness of object identity.* Proceedings of the National Academy of Sci-ences, 1999. 96: p. 1790 – 1793.

315. Linser, K. and T. Goschke, *Unconscious modulation of the conscious experi-ence of voluntary control.* Cognition, 2006. 104: p. 459 – 475.

316. Reber, A. S. , *Implicit learning and tacit knowledge.* Journal of Experimental Psychology: General, 1989. 118: p. 219 – 235.

317. Rossano, M. J. , *Expertise and the evolution of consciousness.* Cognition, 2003. 89: p. 207 – 236.

318. Bargh, J. A. and M. J. Ferguson, *Beyond behaviorism: on the automaticity of higher mental processes.* Psychological Bulletin, 2000. 126: p. 925 – 945.

319. Baddeley, A. D. , Working memory, 1986. Clarendon Press.

320. Posner, M. I. and S. Dehaene, *Attentional networks.* Trends in Neuroscienc-es, 1994. 17: p. 75 – 79.

321. Tononi, G. and G. M. Edelman, *Consciousness and complexity.* Science, 1998. 282: p. 1846 – 1851.

322. Sergent, C. and S. Dehaene, *Neural processes underlying conscious perception: Experimental findings and a global neuronal workspace framework.* Journal of Physiology-Paris, 2004. 98 (4 – 6): p. 374 – 384.

323. Dehaene, S. and J. -P. Changeux, *Ongoing spontaneous activity controls access to consciousness: a neuraonal model for inattentional blindness.* PLoS Biology, 2005. 3: p. 910 – 927.

324. Sergent, C. , S. Baillet, and S. Dehaene, *Timing of the brain events underlying access to consciousness during the attentional blink.* Nature neuroscience, 2005. 8: p. 1391 – 1400.

325. Dehaene, S. , C. Sergent, and J. -P. Changeux, *A neuronal network model linking subjective reports and objective hysiological data during conscious perception.* Proceedings of the National Academy of Sciences, 2003. 100: p. 8520 – 8525.

326. Driver, J. and P. Vuilleumier, *Perceptual awareness and its loss in unilateral neglect and extinction.* . Cognition, 2001. 79: p. 39 – 88.

327. Rees, G. , et al. , *Unconscious activation of visual cortex in the damaged right hemisphere of a parietal patient with extinction.* Brain, 2000. 123: p. 1624 – 1633.

328. Dehaene, S. , M. Kerszberg, and J. -P. Changeux, *A neuronal model of a global workspace in effortful cognitive tasks.* Proceedings of the National Academy of Sciences, 1998. 95 (24): p. 14529 – 14534.

329. Raichle, M. E. , et al. , *Practice-related changes in human brain functional anatomy during non-motor learning.* Cerebral Cortex, 1994. 4: p. 8 – 26.

330. Lumer, E. D. and G. Rees, *Covariation of activity in visual and prefrontal cortex associated with subjective visual perception.* Proceedings of the National Academy of Sciences, 1999. 96: p. 1669 – 1673.

331. McIntosh, A. R. , M. N. Rajah, and N. J. Lobaugh, *Interactions of prefrontal*

cortex in relation to awareness in sensory learning.. Science, 1999. 284：p. 1531 – 1533.

332. Cohen, J. D. , et al. , *Temporal dynamics of brain activation during a working memory task.*. Nature, 1997. 386：p. 604 – 608.

333. Rueckert, L. , et al. , *Visualizing cortical activation during mental calculation with functional MRI.*. Neuroimage, 1996. 3：p. 97 – 103.

334. Goldman-Rakic, P. S. , *Topography of cognition：parallel distributed networks in primate association cortex.* Annual Review of Neuroscience, 1988. 11：p. 137 – 156.

335. Dehaene, S. and J. P. Changeux, *Experimental and Theoretical Approaches to Conscious Processing.* Neuron, 2011. 70 (2)：p. 200 – 227.

336. Seth, A. K. and B. J. Baars, *Neural Darwinism and consciousness.* Consciousness and cognition, 2005. 14：p. 140 – 168.

337. Koch, C. and F. Crick, *The zombie within.* Nature, 2001. 411：p. 893.

338. Tsuchiya, N. and R. Adolphs, *Emotion and consciousness.* Trends in Cognitive Sciences, 2007. 11 (4)：p. 158 – 167.

339. Morin, A. , *Levels of consciousness and self-awareness：A comparison and integration of various neurocognitive views.* Consciousness and cognition, 2006. 15：p. 14.

340. Baars, B. J. and S. Franklin, *How conscious experience and working memory interact.* Trends in Cognitive Sciences, 2003. 7：p. 166 – 172.

341. Koriat, A. , M. Goldsmith, and A. Pansky, *Toward a Psychology of Memory Accuracy.* Annual Review of Psychology, 2000. 51 (1)：p. 481 – 537.

342. PoÈppel, E. , R. Held, and D. Frost, *Residual visual function after brain wounds involving the central visual pathways in man.* Nature, 1973. 243：p. 295 – 296.

343. Velmans, M. , *the problem of consciousness.* Applied cognitive psychology, 2005. 19：p. 2.

344. Platek, S. M. , et al. , *Contagious yawning：the role of self-awareness and*

mental state attribution. Cognitive Brain Research, 2003. 17: p. 5.

345. Dehaene, S. , et al. , *Conscious, preconscious, and subliminal processing: a testable taxonomy.* Trends in Cognitive Sciences, 2006. 10 (5): p. 204 – 211.

346. Miller, G. , *Hunting for meaning after midnight.* Science, 2007. 315: p. 1360 – 1366.

347. Pins, D. and D. ffytche, *The Neural Correlates of Conscious Vision.* Cerebral Cortex, 2003. 13: p. 14.

348. Baars, B. J. and S. Laureys, *One, not two, neural correlates of consciousness.* Trends in Cognitive Sciences, 2005. 9: p. 269

349. Dehaene. S. , e. a. , *Imaging unconscious semantic priming.* Nature, 1998. 395: p. 597 – 601.

350. Dehaene S. , e. a. , *Cerebral mechanisms of word masking and unconscious repetition priming.* Nature neuroscience, 2001. 4: p. 752 – 758.

351. Whalen, P. J. , et al. , *Masked Presentations of Emotional Facial Expressions Modulate Amygdula Activity without Explicit Knowledge.* Journal of Neuroscience, 1998. 18 (1): p. 411 – 418.

352. Naccache, L. , et al. , *A direct intracranial record of emotions evoked by subliminal words.* Proceedings of the National Academy of Sciences, 2005. 102: p. 7713 – 7717.

353. Liddell B. J. , e. a. , *A Temporal Dissociation of Subliminal versus Supraliminal Fear Perception: An Event-related Potential Study* Journal of cognitive neuroscience, 2004. 16: p. 479 – 487.

354. Dijksterhuis, A. and Z. V. Olden, *On the benefits of thinking unconsciously: unconscious thought increase post-choice satisfaction.* Journal of Experimental Social Psychology, 2006. 42: p. 627 – 631.

355. Ellenbogen, J. M. , et al. , *Human relational memory requires time and sleep.* Proceedings of the National Academy of Sciences, 2007. 104: p. 7723 – 7728.

356. Greene, A. J. , et. al. , *Relational learning with and without aware-ness.* Memory and Cognition, 2001. 28: p. 893 – 902.

357. Frank, M. J. , R. C. O'Reilly, and T. Curran, *When memory fails, intuition reigns: Midazolam enhances implicit inference in humans.* Psychological Science, 2006. 17: p. 700 – 707.

358. Kuriyama, K. , R. Stickgold, and M. P. Walker, *Sleep-dependent learning and motor-skill complexity.* Learning and Memory, 2004. 11 (6): p. 705 – 713.

359. Cohen, D. A. , et al. , *Off-line learning of motor skill memory: A double dissociation of goal and movement.* Proceedings of the National Academy of Sciences, 2005. 102 (50): p. 18237 – 18241.

360. Fenn, K. M. , H. C. Nusbaum, and D. Margoliash, *Consolidation during sleep of perceptual learning of spoken language.* Nature, 2003. 425 (6958): p. 614 – 616.

361. Wilson, M. A. and B. L. McNaughton, *Reactivation of hippocampal ensemble memories during sleep.* Science, 1994. 265 (5172): p. 676 – 679.

362. Walker, M. P. and R. Stickgold, *Sleep, memory, and plasticity.* Annual Review of Psychology, 2006. 57: p. 139 – 166.

363. Rasch, B. , et al. , *Odor Cues During Slow-Wave Sleep Prompt Declarative Memory Consolidation.* Science, 2007. 315 (5817): p. 1426 – 1429.

364. Gaillard, R. , A. Del Cul, et al. , *Nonconscious semantic processing of emotional words modulates conscious access.* Proceedings of the National Academy of Sciences, 2006. 103: p. 7524 – 7529.

365. Morris, J. S. , et al. , *Differential extrageniculostriate and amygdala. responses to presentation of emotional faces in a. cortically blind field.* Brain, 2001. 124: p. 1241 – 1252.

366. Pegna, A. J. , et al. , *Discriminating emotional faces without primary visual cortices involves the right amygdala.* . Natrue Neuroscience, 2005. 8: p. 24 – 25.

367. McGlinchey-Berroth, R. , et al. , *Semantic priming in the neglected field:* *evidence from a lexical decision task.* Cognitive Neuropsychology, 1993. 10: p. 79 - 108.

368. Marzi, C. A. , et. al. , *Implicit redundant-targets effect in visual* *extinction.* Neuropsychologia, 1996. 34: p. 9 - 22.

369. Merikle, P. M. , D. Smilek, and J. D. Eastwood, *Perception without aware-* *ness: perspectives from cognitive psychology.* Cognition, 2001. 79: p. 115 - 134.

370. Renault, B. , et al. , *Brain potentials reveal covert facial recognition in pros-* *opagnosia.* Neuropsychologia, 1989. 27: p. 905 - 912.

371. Bauer, R. M. , *Autonomic recognition of names and faces in prosopagnosia:* *a neuropsychological application of the Guilty Knowledge Test.*. Neuropsychologia, 1984. 22: p. 457 - 469.

372. Lamme, V. A. F. , *Towards a true neural stance on consciousness.* Trends in Cognitive Sciences, 2006. 10: p. 494 - 501.

373. Schiff, N. D. , et al. , *Residual cerebral activity and behavioural fragments* *can remain in the persistently vegetative brain.* Brain, 2002. 125: p. 1210 - 1235.

374. Laureys, S. , et al. , *Cortical Processing of Noxious Somatosensory Stimuli in* *the Persistent Vegetative State.* NeuroImage, 2002. 17 (2): p. 732 - 741.

375. Laureys, S. , M. E. Faymonville, et al. , *Auditory processing in the vegeta-* *tive state.* Brain, 2000. 123: p. 1589 - 1601.

376. Owen, A. M. , et al. , *Detecting Awareness in the Vegetative State.* Science, 2006. 313 (5792): p. 1402.

377. Naccache, L. , *Is she conscious?* Science, 2006. 313: p. 1395 - 1397.

378. Deeprose, C. and J. Andrade, *Is priming during anesthesia unconscious?* Consciousness and Cognition, 2006. 15: p. 1 - 24.

379. Castiello, U. , Y. Paulignan, and M. Jeannerod, *Temporal dissociation of* *motor response and subjective awareness: A study in normal subjects.* Brain,

1991. 114: p. 2639 – 2655.

380. Sung, Y. -C. and D. -L. Tang, *Unconscious processing embedded in conscious processing: Evidence from gaze time on Chinese sentence reading.* Consciousness and Cognition, 2007. 16: p. 339 – 348.

381. Crick, F. and C. Koch, *A framework for consciousness.* Nature neuroscience, 2003. 6: p. 119 – 126.

382. Song, X. and X. Tang, *An extended theory of global workspace of consciousness.* Progress in Natural Science, 2008. 18: p. 789 – 793.

383. 唐孝威, 意识论—意识问题的自然科学研究. 2004. 北京高等教育出版社.

384. Johannessen, K. B. and D. Berntsen, *Current concerns in involuntary and voluntary autobiographical memories.* Consciousness and Cognition, 2010. 19: p. 847 – 860.

385. Schlagman, S. and L. Kvavnashvili. *Involuntary autobiographical memories in and outside the laboratory: How different are they from voluntary autobiographical memories?* in 6th *Biennial Meeting of the Society-for-Applied-Research-Into-Memory-and-Cognition* (*SARMAC VI*). 2005. Wellington, Psychonomic Soc Inc.

386. Morsella, E., et al., *The Spontaneous Thoughts of the Night: How Future Tasks Breed Intrusive Cognitions.* Social cognition, 2010. 28: p. 641 – 650.

387. Maguire, E. A., *Neuroimaging studies of autobiographical event memory.* Philosophical Transactions of the Royal Society of London Series B-Biological Sciences, 2001. 356 (1413): p. 1441 – 1451.

388. Tulving, E., *Episodic Memory and Autonoesis: Uniquely Human?*, in *The missing link in cognition: Origins of self-reflective consciousness* 2005, Oxford University Press. p. 3 – 56.

索　引